池塘工程化循环水养殖模式 1

池塘工程化循环水养殖模式 2

大水面生态渔业 1

大水面生态渔业 2

工厂化循环水养殖模式 1

工厂化循环水养殖模式 2

“三池两坝”尾水处理 1

“三池两坝”尾水处理 2

水产动物健康养殖实用技术

王明旻　孙晓辉　周芬娜　主编

河南科学技术出版社

·郑州·

图书在版编目（CIP）数据

水产动物健康养殖实用技术 / 王明旻，孙晓辉，周芬娜主编. —郑州：河南科学技术出版社，2023. 8

ISBN 978-7-5725-1258-2

Ⅰ. ①水… Ⅱ. ①王… ②孙… ③周… Ⅲ. ①水产养殖 Ⅳ. ①S96

中国国家版本馆 CIP 数据核字（2023）第 141549 号

出版发行：河南科学技术出版社

地址：郑州市郑东新区祥盛街 27 号　　邮编：450016

电话：（0371）65737028　65788613

网址：www. hnstp. cn

策划编辑：陈淑芹

责任编辑：田　伟

责任校对：尹凤娟

封面设计：张德琛

责任印制：张艳芳

印　　刷：河南文华印务有限公司

经　　销：全国新华书店

开　　本：850 mm×1 168 mm　1/32　印张：6. 75　彩插：4 面　字数：169 千字

版　　次：2023 年 8 月第 1 版　　2023 年 8 月第 1 次印刷

定　　价：35. 00 元

《水产动物健康养殖实用技术》编委会

《水产动物健康养殖实用技术》编写人员名单

主　编　王明旻　孙晓辉　周芬娜

副主编　杜　鹃　张耀武　李成山　刘亚娟

编　者　陈卫军　马西亚　郭严军　智利红

　　　　江　燕　王颖辉　李红军　贺晓珺

　　　　韩太国　李　波

前言

一直以来，池塘淡水养殖具有投资小、见效快、收益大、生产稳定等特点，且不受面积大小的限制，适合我国大部分地区。近年来，随着水产养殖规模不断扩大，产业化、集约化程度不断提高，加之饲料及添加剂、药物的不合理使用，鱼类赖以生存的生态环境日趋恶化，各种细菌、病毒不断滋生，水产动物病害发生越来越严重，水产用药量逐年增多，养殖户经济损失严重，且水产品质量得不到保障。如何保障渔业安全，维护消费者的健康和生命安全，已成为近年来群众关心、社会关注的敏感问题。水产动物健康养殖实用技术是为了解决以上问题而提出的一系列生态、健康的淡水养殖技术。

本书首先介绍了标准化池塘养殖技术、池塘生态综合种养技术、循环水养殖技术、大水面生态渔业技术，又分别对加州鲈鱼、斑点叉尾鮰、虹鳟等特种水产动物的池塘健康养殖技术进行了介绍，最后针对池塘养殖用水的处理技术进行了详细讨论，以期为未来水产养殖业的可持续发展提供帮助。

在本书的编写过程中，参考了有关专家、学者的部分文献，在此对所参考资料的原作者表示感谢。由于作者水平有限，书中存在的不妥之处，敬请各位专家、学者以及同行批评指正。

编者

2023 年 4 月

目　录

第一章　标准化池塘养殖技术

标准化池塘养殖是池塘生态健康养殖技术的基础，是目前集约化池塘养殖主推的养殖模式，是根据国家或地方制定的“池塘标准化建设规范”进行改造建设的池塘养殖模式，其特点为系统完善、设备及配套齐全、管理规范、适合规模化发展。

标准化池塘养殖场包括标准化的池塘、道路、供水、供电、办公等基础设施，还有配套完善的生产设备，最重要的是养殖用水要达到《渔业水质标准》(GB 11607—1989) 的规定，养殖排放水更要达到《淡水池塘养殖水排放要求》(SC/T 9101—2007) 的规定。

标准化池塘养殖模式具有规范化的管理方式，有苗种、饲料、肥料、渔药、化学品等养殖投入品管理制度和养殖技术、计划、人员、设备设施、质量管理、销售等生产管理制度。

在本章，我们主要讨论标准化池塘的建设条件、布局、建设内容、生产设备及各项管理措施。

第一节　池塘建设条件

一、规划要求

新建、改建的标准化池塘养殖场必须符合当地的规划发展要求，土地性质符合养殖用地要求，规模和形式要符合当地经济、社会、环境等发展的需要，远离公路、矿区、发电站、工业区、密集居住区及大面积的农林种植区等。

二、自然条件

新建、改建的标准化池塘养殖场要充分考虑当地的地形、水文、水质、气候等因素，即结合当地的自然条件，决定养殖场的建设规模、建设标准，并选择适宜的养殖品种和养殖方式。有条件的地区可以充分考虑利用地势自流进排水，以节约动力提水所增加的电力成本。

标准化池塘养殖场需要有良好的自然基础条件，避免因基础条件不足而影响到养殖场的正常生产发展。规划建设养殖场时还应考虑自然灾害因素的影响，在设计养殖场池塘塘埂、进排水渠道以及房屋建筑时应充分考虑排涝、防风等问题。

三、水源与水质

新建标准化池塘的养殖场要充分考虑养殖用水的水源、水质条件。由于池塘内鱼类饲养密度较大，饲料、肥料等投入品用量大，池水溶氧量往往供不应求，水质容易恶化，导致鱼类浮头并大批死亡。充足的水源可提供含氧量较高的新水；同时，经常加注新水，可以改善池塘水质，有利于鱼类的生长和池中生物的繁殖。

选址前必须对当地的水质进行化验分析，各项水化参数正常，农药和有毒金属离子的浓度应符合《渔业水质标准》（GB 11607—1989）的规定。未被污染的河水、湖水以及水库的水都是水产养殖的良好水源，但其生物组成复杂，特别是经常会有野杂鱼和敌害生物，引用这类水源时则应进行过滤。地下水的水质清澈、无野杂鱼和敌害，也是水产养殖的良好水源，但水温和溶氧量较低，在使用时应先使井水流经较长的渠道或设置晒水池，并在井口下设置接水板，经过充分的曝气处理，以提高水温和溶氧量。使用地下水作为水源时，还要考虑供水量是否满足养殖需求，一般要求在10天左右能够把池塘注满。

水质是指溶解或悬浮于水中物质的种类及含量。水质的好坏，对鱼类的生长影响很大。近年来，由于我国工业的蓬勃发展，江河、水库和湖泊的水源受到不同程度的污染，有些地下水硫化物、氮化物含量较高，使用这些水源会对鱼类等水生生物造成不同程度的危害。水质对于养殖生产影响很大，并与人体健康息息相关，对于部分指标或阶段性指标不符合规定的养殖水源，应考虑建设源水处理设施，并计算相应设施、设备的建设和运行成本。

四、土壤及底质

与水接触的池塘土壤，从多方面影响水质，不同的土壤和土质对养殖场的建设成本和养殖效果影响很大。在规划建设标准化池塘养殖场时，要充分调查了解当地的土壤、土质状况。在养殖过程中，池塘底部的土壤，不仅仅有助于池塘持水，而且它本身也是池塘人工生态系统的一部分。池塘的底质参与了整个养殖系统的净化，沉积在池塘底部的残饵和粪便依靠栖息在池塘底部的微生物分解，底泥释放到水中的肥分，又能起到保肥、稳水的作用。

了解土壤的各项性质，对池塘养殖非常重要。首先，池塘土壤要求有较好的保水性，才能保持池塘有一定的水位和肥度，如果土壤渗水性大，不但需要经常加水，而且会影响水质肥度。沙土、粉土、砾质土无保水能力，均不能用于建造池塘。壤土性质介于沙土和黏土之间，硬度适当，透水性弱，吸水性强，养分不易流失，土壤内空气流通，有利于有机物的分解。其次，最适宜进行养殖的土壤的 pH 值在 6.5～7.5，pH 值大于 8.5 或者小于 5.5 的过碱或者过酸的土壤都很难实现高产。

五、电力及交通

标准化池塘养殖场需要有良好的道路、交通、电力、通信、供水等基础条件。在养殖场修建的时候，就要充分考虑养殖场的交通和电力条件。在丘陵和山区修建池塘的时候，还需要考虑道路在多雨季节的通行条件，装载鱼苗和成鱼、饲料的大型运输车辆是否能够顺利抵达养殖场。

电力方面主要是要考虑养殖场周边是否有供电系统以及供电系统电压的稳定性，能否满足生产养殖正常需求，特别是在山区，经常会出现电压不足的情况。生产中，应根据实际情况对用电设备和机械做适当的调整，并配备发电机组，以避免因基础条件不足影响到养殖场的生产发展。

第二节　池塘布局

标准化池塘养殖场应本着“以渔为主、合理利用”的原则来进行规划和布局，养殖场的建设规划既要考虑眼前需要，又要考虑到今后的长期发展。

一、基本原则

1. 因地制宜，合理利用地形　在养殖场设计与建设过程中，要充分利用地形结构特点规划建设养殖设施，优先考虑选用当地建材，以便取材方便、经济可靠。

2. 科学规划，综合利用土地　养殖场规划建设要充分考虑养殖场土地的综合利用问题，利用好沟渠、塘埂等土地资源，实现养殖生产的循环发展。

二、总体布局

根据养殖场规划要求合理安排各功能区，做到布局协调、结构合理，既能满足日常的生产管理要求，又适合今后的长期发展需要。

1. 场房　场房的位置应尽可能居中建设，最好有道路直通场部。生活住房在场部附近无经常性机械轰鸣声的情况下，可紧靠办公处所，否则应隔开另设。房屋建筑要经济实用，方便生产和生活，同时适当留有扩建的余地。渔具仓库要通风向阳，远离饲料仓库、厨房、沼气池等，不能合用，以免鼠咬虫蛀，造成损失。饲料仓库、加工车间、养猪场、粉场、沼气池、厕所要尽可能靠近鱼池，方便积肥，力求做到人工控制下肥料自流入池。

2. 亲鱼池　亲鱼，指发育到性成熟阶段，有繁殖能力的雄鱼或雌鱼。亲鱼是渔场生产的基础，必须经常照管，精细培育。因此，亲鱼池应紧靠场房或宿舍，便于巡池管理。在工厂化或循环封闭式等渔业工程设施中，催产池与孵化设备作为一个单元，毗邻新鱼池，靠近进场水源，位置略高，通风受光良好。

3. 鱼苗池、鱼种池和成鱼池　一般情况下，鱼苗池、鱼种池和成鱼池的面积比为1∶2∶17（有其他要求的除外）。孵化设施应靠近鱼苗池，鱼种池围绕鱼苗池，成鱼养殖池与外围养殖水面相邻。这样，鱼花下池、苗种出池分养、成鱼销售调运方便，省时省力，事半功倍。

4. 灌、排水系统　渔场中灌、排水系统是总体规划中的一项重要内容。一般要求灌水渠和排水渠彼此独立，以防鱼病传播。由一条或多条灌水渠分流各鱼池中，而各鱼池排出的污水汇流到一条或多条排水渠中，排至场外。灌、排水系统的布置不能模拟化，要根据具体地形条件确定，不能不惜代价地去片面追求灌、排分开。蓄水池、过滤池、沉淀池、增温池等这几种设施有时合为一体，有时单独设立，其位置应设在全场鱼池的最高点，便于自流灌溉，同时也方便生活用水。

第三节　池塘建设内容

选择一个良好的养殖场地，对提高养殖的产量和质量至关重要。池塘是养殖场的主体部分，面积可大可小，数亩（1 亩约为 667 m^2）至数十亩均可，水深 1.5~2.5 m，水质肥沃，有排灌设施，便于管理；按照养殖功能分，有亲鱼池、鱼苗池、鱼种池和成鱼池等。

一、池塘面积及形状

池塘面积一般占养殖场面积的 65%~75%，但养殖池塘的面积也不宜过小，如果池塘面积过小，则会导致整个养殖场在修建过程中，土方作业工程量增大，成本增加，而且还会因为池埂所占面积过多，导致养殖场内真正用于养殖的水面面积减少，土地利用率下降。

池塘形状主要取决于地形、养殖品种等要求，一般以长方形为好，便于场区道路的规划、池塘的修建、拦网等作业，也有圆形、正方形、多角形的池塘。考虑到养殖场网具的通用性，整个养殖池塘的长宽应尽可能保持一致。长宽比大的池塘水流状态较好，管理操作方便；长宽比小的池塘，池内水流状态较差，存在较大死角和死区，不利于养殖生产。长方形池塘的长宽比一般为（2~4）：1。

一般养鱼池塘有效水深不低于 1.5 m，鱼种池的水深在2.0~2.5 m，成鱼池的水深在2.5~3.0 m，虾蟹池塘的水深在 1.5~

2.0 m，北方越冬池塘的水深应达到2.5 m以上。池塘的深度一般需要超过养殖最高水深的0.5~1.0 m，池埂顶面一般要高出池中水面0.5 m左右。水源季节性变化较大的地区，在设计建造池塘时应适当考虑加深池塘，保证水源紧缺时池塘有足够水量。

二、池埂与护坡

池埂是池塘的轮廓基础，池埂结构对于维持池塘的形状、方便生产以及提高养殖效果等都有很大的影响。为了确保鱼车能够顺利到达每个塘口，要求通行大型鱼车的池埂宽度达到3~4.5 m。池埂坡比的设计需要考虑土壤的质地、池塘的深度、是否有护坡等因素，一般建议坡比在1：（1.5~2）。池埂坡比过大容易坍塌，影响车辆及拉网作业；坡比过小的话，池埂所占面积过大，会造成养殖场土地利用率的降低，导致经济效益的下降。此外，设计池埂高度的时候，还需要考虑当地的水文、排涝、池塘修建位置的历年最高水位等因素。

护坡具有保护池形结构和塘埂的作用，但也会影响到池塘的自净能力。护坡要求设施稳固，不仅能满足蓄、调水的要求，同时还要具备应对恶劣天气的能力，从而确保养殖生产安全、稳定。池塘堤坝溃坡会导致池塘底部淤泥增深，池塘养殖有效面积减少，鱼病多发，产量降低。根据池塘条件不同，要对池塘进、排水等易受水流冲击的部位采取合理的护坡措施，常用的护坡材料有蛇皮袋装泥土、混凝土、水泥预制板、防渗膜等。

1. 聚氯乙烯（PVC）网布或蛇皮袋装泥土护坡　聚氯乙烯网布护坡时，在护坡前要将坡面上的杂草清除干净，使坡面平整。在网布护坡之前要缝制一个可装进卵石的网袋，装上卵石后再缝合，在护坡的网布下方，将卵石埋入坡底的泥土中。上部网布用绳固定后再将上缘埋入土中，以防滑落，同时确保网布与坡面紧贴，以便有较好的护坡效果。

蛇皮袋装泥土护坡方便实用，成本低，经久耐用。将装有泥土的蛇皮袋平放于塘埂上，外围填土或用木桩固定，再逐层叠加，加至三层左右，要有一定的坡度，防止下滑。

2. 混凝土护坡　混凝土护坡采用混凝土现浇的方式，水泥掺量一般为8%~15%，坡面厚度一般为5~8 cm。采用混凝土护坡时，需要对塘埂坡面基础进行整平、夯实处理。混凝土护坡也可以说是边坡，需要在一定距离设置伸缩缝，以防止水泥膨胀。混凝土护坡具有施工质量高、防裂性能好的优点，但成本较高。

3. 水泥预制板护坡　水泥预制板护坡也是一种常见的池塘护坡方式。护坡水泥预制板的厚度一般为5~15 cm，长度根据护坡断面的长度决定。较薄的预制板一般为实心结构，5 cm厚以上的预制板一般采用楼板方式制作。水泥预制板护坡需要在池底下部30 cm左右建一条混凝土圈梁，以固定水泥预制板，顶部要用混凝土砌一条宽40 cm左右的护坡压顶。

4. 地膜护坡　一般采用高密度聚乙烯（HDPE）塑胶地膜或复合土工膜。HDPE塑胶地膜具抗拉伸、抗冲击、抗撕裂、强度高和耐静水压高的特点，在耐酸碱腐蚀、抗微生物侵蚀及防渗漏方面也有较好性能，且表面光滑，有利于消毒、清淤和防止底部病原体的传播。HDPE塑胶地膜护坡既可覆盖整个池底，也可以用于周边护坡。护坡基面在铺设前须做平整处理，坡埂泥土须干燥，坡面要避免凹凸不平且面上不能有凸出的石头或尖锐的物体，可采取削、回填土层的方法将坡面平整后再夯实拍实。若塘埂坡面砾石较多，可采取薄土层覆盖后再拍实的方法，尽量避免砾石或尖锐的物体与膜直接接触，以延长膜的使用寿命。

土工膜裁剪宽度是坡面长度加上沟槽深宽度和上坡面水平面的压实宽度，三者相加即为裁剪宽度，根据蓄水深度用勾股定理计算坡面长度，一般沟槽埋压40 cm，水平面压30 cm即可。现场裁剪施工时场地要平整，同时要避开风雨天气，在搬运过程要防止被尖锐物体损伤。由于池塘周长的关系，一般都需进行拼接，拼接方法有焊接、缝接、粘接3种，焊接需要有专业焊接机和专业人员施工，粘接需要特殊胶粘剂，两者在现场施工较为烦琐，实际操作时基本采用缝接方法，用聚乙烯线机器或手工缝接即可，缝接采取镶嵌式。

5. 砖石护坡　砖石护坡施工前，要挖掉池底淤泥，在埂土上用片石逐行有序地排列。在每行之间要有一定的坡度，并逐层填土，在排列到1 m高后再用废弃的砖将片石到坡顶之间填实压紧即可。砖石护坡具有坚固、耐用的优点，但施工复杂，砌筑用的片石石质要求坚硬，片石用作镶面石和角隅石时还需要加工处理。这种方法成本稍高，但护坡效果好，每年在干旱时将护坡处再修补，可确保多年的护坡效果，且原材料可重复利用。

三、池底

在池塘底部设计一定的坡度和沟槽，是为了方便池塘排水和捕鱼需要。尤其是面积较大的池塘，池底应有一定的坡度和沟槽，池塘底部的坡度一般为1：(200~500)。面积较大且长宽比较小的池塘底部，应建设主沟和支沟组成的排水沟，主沟最小纵向坡度为1：1 000，支沟最小纵向坡度为1：200，主沟宽一般为0.5~1.0 m，深0.3~0.8 m，相邻的支沟相距一般为10~50 m。

四、进、排水系统

池塘养殖场的进、排水系统是养殖场的重要组成部分，规划建设的好坏直接影响到养殖场的生产效果。标准化池塘养殖场的进、排水渠道一般是利用场地沟渠建设而成，在规划建设时应做到进、排水渠道独立，严禁进、排水交叉污染，防止鱼病传播。设计规划养殖场的进、排水系统还应充分考虑场地的具体地形条件，尽可能采取一级动力取水或排水，合理利用地势条件设计进、排水自流形式，降低养殖成本。

养殖场的进、排水渠道一般应排在池塘两侧，池塘的一侧进水而另一侧排水，使得新水在池塘内有较长的流动混合时间。

1. 泵站 池塘养殖场一般都建有提水泵站，泵站大小取决于装配泵的台数。根据养殖场规模和取水条件选择水泵类型和配备台数，并装备一定比例的备用泵，常用的水泵主要有轴流泵、离心泵、潜水泵等。

低洼地区或山区养殖场可利用地势条件设计水自流进池塘，自流进水渠道一般采取明渠方式，根据水位高程变化选择进水渠道截面大小和渠道坡降。

2. 进、排水渠 标准化池塘养殖场的进水渠道分为进水总渠、进水干渠、进水支渠等。进水总渠设进水总闸，总渠下设若干条干渠，干渠下设支渠，支渠连接池塘。总渠承担一个养殖场的供水，应按全场所需要的水流量设计；干渠分管一个养殖区的供水；支渠分管几口池塘的供水。进水渠道必须满足水流量要求，要做到水流畅通、容易清洗、便于维护。进水渠道系统包括渠道和渠系建筑物两个部分。渠系建筑物包括水闸、虹吸管、涵洞、跌水与陡坡等。按照建筑材料不同，进水渠道分为土渠、石渠、水泥板护面渠道、预制拼接渠道、水泥现浇渠道等；按照渠道结构可分为明渠、暗渠等。明渠断面一般有三角形、半圆形、矩形和梯形 4 种形式，一般采用水泥预制板护面或水泥浇筑，也有用水泥预制槽拼接或水泥砖砌结构，此外还有沥青、块石、石灰、三合土等护面形式，建设时可根据当地的土壤情况、工程要求、材料来源等灵活选用。各类进水渠道的大小应根据池塘用水量、地形条件等进行设计。渠道过大会造成浪费，渠道过小会出现溢水冲损等现象。渠道水流速度一般采取不冲不淤流速，进水干渠的宽在 0.5~0.8 m，进水渠道的安全超高一般在 0.2~0.3 m。凡以江河、湖泊、水库、溪流作水源的池塘，最好安装进水过滤网，以阻止害鱼、非养殖小杂鱼、枝叶杂物等随水入塘。进水管可以用水泥管、陶瓷管、废旧铁管等制作，管子应安装在塘堤上，使水跌灌进塘，或先跌落在管下石板或木板上，尽量扩大水与空气的接触，使水中融入更多的氧气。

排水渠道也是标准化养殖场进、排水系统的重要部分。排水渠道的大小深浅，要结合养殖场的池塘面积和地形特点、水位高程等而定。排水渠道一般为明渠结构，也有采取水泥预制板护坡形式。排水渠道要做到不积水，不冲蚀，排水通畅。排水渠道的建设原则是线路短，工程量小，造价低，水面漂浮物及有害生物不易进渠，施工容易等。养殖场的排水渠一般应设在场地最低处，以利于自流排放，一般低于池底 30 cm 以上。排水渠道应尽量采用直线，减少弯曲，缩短流程，力求工程量小，占地少，节约成本。排水渠道同时作为排洪渠时，其横断面积应与最大洪水流量相适应。适用于池塘的排水管有下面几种式样：一是溢流式排水管，即当水位超过溢流管口就自动排出，不会漫越池堤，溢流口上设有拦网防止逃鱼，下面设连通底管，用于排干池水；二是虹吸式排水管，适用于地势有一定落差的小坑小凼，用一根橡皮管作虹吸管，管的一端放入塘底，另一端沿池埂放置池外低于池底的地方，将管子灌满水，两端同时松开，水自然流出；三是升降式排水管，即在塘的深水部位的池埂下安装排水管，在管口套上能活动的塑料管或橡皮管，管口缚在木桩上，水位可随意升降调节。

3. 拦鱼栅　标准化池塘无论采用哪种排水设备，都要有防止鱼类逃跑的拦鱼栅，它的构造因水的流速、流量和鱼的大小而有所不同。各种排水管的管口上面可加球形、弧形等过水不过鱼的设备。对池埂安有水闸的排水口，要安装“V”形拦鱼栅。

4. 分水井　分水井又叫集水井，设在鱼塘之间，是干渠或支渠上的连接结构，一般用水泥浇筑或砖砌。分水井一般采用闸板控制水流，也有采用预埋 PVC 拔管方式控制水流，采用拔管方式控制分水井结构简单，防渗漏效果较好。

五、场地及道路

养殖场的场地、道路是货物进出的通道，建设时应考虑较大型车辆的进出，尽量做到货物车辆可以到达每个池塘，以满足池塘养殖生产的需要。养殖场道路包括主干道、生产道路等，功能用地包括生产场地、生活办公场地、绿化场地等。养殖场主干道一般采用水泥或柏油铺设路面，副干道一般用水泥或碎石铺路。生产区应留有一定面积的场地，以满足生产物资堆放和生产作业需要。办公区、生活区应配建一定比例的场地，以满足车辆停放、活动等需要。交通选择总的原则是既要防控疾病传播，又要便于运输产品和饲料，降低运输费用，节约生产成本。

六、越冬及繁育设施

1. 温室 鱼类越冬、繁育设施是水产养殖场的基础设施。根据养殖特点和建设条件不同，越冬温室可分为室内温室与室外温室两种模式。室外温室包括育苗养殖温室、保种繁育温室、工厂化养殖车间以及用于大面积养殖的室外简易温室等。室内温室一般多以育苗与越冬暂养为主，温室面积小；室外温室以养殖为主，面积一般都大于室内温室，它是利用太阳能与加温相结合的日光温室。

温室的外观及覆盖材料和花卉种植类温室基本一样，可根据具体养殖品种对光照、温度的需求，选择不同类型的温室结构及覆盖材料。温室建好后要进行消毒与脱碱处理才能进行养殖。特种水产类如蟹、龟、鳖等，一般在自然温度下生长需要 3~5 年，利用温室恒温养殖只需 10~18 个月的时间就可长成上市，从而缩短了饲养周期。

室外温室应选避风向阳、空气新鲜、水源方便清洁的地方，建成长方形东西走向、双坡式日光温室。北面应建厚 50 cm、高 1.8 m 的空心墙，内填保温物；两头山墙也要建成空心墙，填满保温物；东山墙开门，并安装换气扇。用木料、竹竿、铁丝做成支架，上扣双层无漏农膜，然后用铁丝固定，以防风雨袭击，上覆盖 3~5 cm 厚的草苫，晴天上午 8 时到下午 5 时掀开，充分利用太阳能，并通过太阳的自然紫外线给温室内空气与水体消毒，以保持空气新鲜。建池时，选用薄膜垫在地上，然后在薄膜上建养殖池，并用水泥、石子作底，这样容易使池内水温升高，节约燃料。但这样的池子夏季不能用于养殖，以免温度过高。为了充分利用温室空间，可在温室两边安放养殖架进行多层立体养殖，中间留作走道，温室内应有备用水箱或蓄水池，以防换水时温差较大。温室内安放一台或两台自动恒温炉，通过直径 12 cm 的铁皮烟囱在室内环绕加温，最终排出温室外，烟囱要稍高于温室顶部。如果温室面积较大，可用砖砌成“四”字形地上烟道，并通过用砖砌成的双燃烧自动恒温炉进行加温。

2. 繁育设施　现代苗种繁育技术从本质上讲就是使用工厂化苗种繁育系统进行亲鱼产卵、鱼卵孵化、苗种培育和鱼苗暂养的技术。一个现代化的育种场所是一个复杂的设施综合体，不仅依赖高效的硬件设施和设备，更要有优秀的软件辅助，即不断更新的技术、标准化的控制管理程序、具备专业技能水平且熟练程度良好的工作人员等，使育种场所具备可靠性、易用性、智能化、生产能力强、成本效率高等特点。

苗种繁育设施主要包括亲鱼培育产卵设施、鱼卵孵化设施、苗种培育设施和鱼苗暂养设施等。

（1）亲鱼培育产卵设施：主要由产卵设施和水处理设施组成。产卵设施是一种模拟江河天然产卵场的流水条件建设的产卵用设施。产卵设施包括产卵池、集卵池和进排水设施。产卵池的种类很多，常见的为圆形产卵池，目前也有玻璃钢产卵池、PVC编织布产卵池等。

亲鱼培育产卵系统由于投喂量较少，水处理设施相对简单，主要包括沙滤罐、紫外杀菌器和生物移动床等。

（2）鱼卵孵化设施：鱼卵孵化设施是一类可形成均匀的水流，使鱼卵在溶氧充足、水质良好的水流中孵化的设施。鱼卵孵化设施的种类很多，传统的孵化设施主要有孵化桶（缸）、孵化环道和孵化槽等，也有矩形孵化装置和玻璃钢小型孵化环道等新型孵化设施系统。鱼苗孵化设施一般要求壁面光滑，没有死角，不堆积鱼卵和鱼苗。

鱼卵孵化的水处理设施大多采用综合处理箱、PBF型过滤器、沙滤罐、紫外杀菌器和生物滤塔等，在综合处理箱中进行补水、控温等处理，该系统孵化量可达70万~80万尾/m^3。

1）孵化桶：孵化桶是用于鱼类等水产动物受精卵人工孵化的桶状流水器具，由桶身、桶罩和附件组成，一般高1 m左右，上口直径60 cm左右，下口直径45 cm左右，略似圆锥形。桶罩一般用钢筋或竹篾做罩架，用60目的尼龙纱网做纱罩，防止鱼卵和鱼苗在水满时溢出。孵化桶的底部有鸭嘴形的进水口，呈一定角度排列，确保整个孵化桶里的水能形成水流，满足鱼卵对水流和氧气的需求；水从下部流入，将鱼卵冲散，使其不致粘连，进而提高孵化率。

2）孵化缸：孵化缸因具有结构简单、造价低、管理方便、孵化率较稳定等优点，在生产上应用较普遍。孵化缸由进出水管、缸体、滤水网罩等组成。缸体可用普通盛水容量为250~500 kg的水缸改制，或用白铁皮、钢筋水泥、塑料等材料制成，按缸内水流的状态，分转缸（环流式）和抛缸（喷水式）两种。

A. 转缸：在缸底装4~6根与缸壁呈一定角度，各管呈同一方向的进水管，管口装有用白铁皮制成的、形似鸭嘴的喷嘴，使水在缸内环流回转。由于水是旋转的，排水管安装在缸底中心，并伸入水层中，顶部同样装有滤水网罩，滤出的水随管排出，放卵密度为每立方米水体 150 万~200 万粒。

B. 抛缸：只要把原水缸的底部，用混凝土浇制成漏斗形，并在缸底中心接上短的进水管，紧贴缸口边缘，上装 16~20 目的尼龙筛绢制成的滤水网罩即成。放卵密度抛缸一般比转缸高 20%，每立方米水体可放卵 200 万~250 万粒。

3）孵化环道：孵化环道是设置在室内或室外利用循环水进行孵化的一种大型孵化设施。孵化环道有圆形和椭圆形两种，根据环数多少又分为单环、双环和多环几种形式。孵化环道是用砖砌成的圆形或椭圆形建筑物，由环道、过滤纱窗、进排水管道和集苗池等组成。水流来自水塔或蓄水池，其最低水位要比孵化环道的最高水位高出 1.5 m 以上，这样可以保证环道内的水有足够的流量和流速，使鱼卵随水流翻动。环道一般宽 0.8~1.0 m，深 1.0 m 左右。溢（排）水口距环道上缘 10~15 cm，经常保持水深 0.75~0.85 m，环道整个底部向排水孔方向呈 1%的倾斜度，便于排干环道的水和鱼苗。各环上缘的高度在同一水平面。纱窗有效过滤面积与环道孵化用水体积有关，一般每立方米孵化用水有效过滤面积为 0.15 m^2 以上，这样可减少纱窗贴卵并减轻对鱼苗的压力。纱窗最好略向环道内倾斜，便于洗刷。

环道底部每隔 1.5~2.0 m 设一个鸭嘴喷头，其进水管直径约 2.5 cm。喷头长 12 cm，口宽 10 cm，口厚 0.4 cm，制成三角形，安装在进水管的弯头上，离环道底约 5 cm，向内壁水平直线方向喷水。每个环道分别安装进水管与各喷头相连接，每环装一个阀门控制水的流量，保持流速在 0.15~0.30 m/s。每环总进水管的内径截面积要大于各喷头截面积总和。排水管埋在进水管下方，一般采用直径 15~20 cm 的陶瓷管、铸铁管或水泥管，与集苗池相通，接收来自过滤纱窗排出的水，再经过集苗池排出池外。出苗孔与集苗管相连或排水管兼用集苗管，并开口于集苗池。收集鱼苗时，关闭进水阀门，装好集苗箱，打开出苗孔。

4）孵化槽：孵化水产动物受精卵的长方形水槽，是由砖砌成的长方形水泥池，结构简单，操作方便，容易管理，孵化率也较高。孵化槽的进、出水口在池的同一端，底部设两个以上鸭嘴喷头进水，同一端上面设出水槽，同进水呈相反方向出水。集苗管设在另一端，水在槽内形成水平与垂直的环流，鱼卵或鱼苗随水漂流。较大的孵化槽长 2.5~3.0 m，宽 1.5~2.0 m，深 1.0~1.2 m；较小的长 1.7~2.0 m，宽 0.7~0.8 m，深 1.3 m 左右。小型孵化槽可以由几个至几十个槽并联排列成单行、双行或多行，由进水总管分别通往每个孵化槽，每个孵化槽安装一个进水阀门控制其进水量。集苗管设一个出水阀门流向集苗总管，然后通向集苗池，各个孵化槽可兼用一个集苗池。收集鱼苗时，先从出水槽中用虹吸方法吸出或直接舀出孵化槽的大部分水，再用密网收集鱼苗，余下少量鱼苗从集苗池中收集。

（3）苗种培育设施：主要由矩形池和水处理设施组成。矩形池苗种培育系统主要用于鱼苗的养殖，必要时也可用于黏性鱼卵的孵化。鱼池通常采用玻璃钢材质，长条形结构，内设两块改善流态并有利于排污的隔板，该系统育苗量可达 10 万~15 万尾/m^3。苗种培育系统采用的水处理设施通常包括综合处理箱、生物滤塔、紫外杀菌器、沙滤罐以及生物移动床等。

（4）鱼苗暂养设施：主要由圆形鱼池和水处理设施组成。鱼苗暂养系统的圆形鱼池通常采用 PVC 或者 PP（聚丙烯）材质，其主要作用是对开口鱼进行培育，并可以对成鱼进行暂养，因此相对于其他系统而言，水体中会有更多的固体悬浮颗粒物及氨氮等有害物质，水处理设备就更加复杂。

鱼苗暂养系统通常采用两条循环支路的方式来满足不同养殖情况的水处理工艺需要，其中一条支路包括沙滤罐和紫外杀菌器，另一条支路主要有生物移动床，总回水路上包括微滤机和生化滤池等。该循环模式可有效过滤水体，养殖量可达 10 万～12 万尾/m^3。

七、配套建筑

标准化池塘养殖场应按照生产规模建设一定比例的生产、生活、办公等建筑物，建筑物的外观应做到协调一致、整齐美观。生产、办公用房应按类集中布局，尽可能设在水产养殖场中心或交通便捷的地方。生活用房可以集中布局，也可以分散布局。水产养殖场建筑物的占地面积一般不超过养殖场土地面积的 0.5%。

1. 生产生活用房　标准化池塘养殖场一般应建设生产办公楼、生活宿舍、食堂等建筑物。生产办公楼的面积应根据养殖场规模和办公人数决定，适当留有余地，一般以 1 m^2/亩的比例配置为宜。办公楼内一般应设置管理、技术、财务、档案、接待等办公室和水质分析与病害防护实验室等。

2. 仓库　应建设满足养殖场需要的渔具仓库、饲料仓库和药品仓库，仓库面积根据养殖场的规模和生产特点决定。库房建设应满足防潮、防盗、通风等功能。

3. 大门　一般应建设大门，大门要根据养殖场总体布局特点建设，做到简洁、实用。大门内侧一般应建设水产养殖场标示牌，标示牌内容包括水产养殖场介绍、养殖场布局、养殖品种、池塘编号等。水产养殖场应根据场区特点和生产需要建设一定数量的值班房屋。值班房屋兼有生活、仓储等功能，一般为 30～80 m^2。

4. 防护设施　水产养殖场应充分利用周边的沟渠、河流等构建围护屏障，以保障场区的生产、生活安全。根据需要可在场区四周建设围墙、围栏等防护设施，有条件的养殖场还可以建设远红外监视设备。

八、配套设施

1. 供电 标准化池塘养殖场需要稳定的电力供应，供电情况对养殖生产影响重大，应配备专用的变压器和配电线路，并备有应急发电设备。水产养殖场一般按每亩 0.75 kW 以上配备变压器，即 100 亩规模的养殖场需配备 75 kW 的变压器。配电线路的长度取决于养殖场的具体需要，高压线路一般采用架空线，低压线路尽量采用地埋电缆，以便于养殖生产。

配电箱主要负责控制增氧机、投饲机、水泵等设备，并预留一定数量的接口，便于增加电气设备。配电箱要符合野外安全要求，具有防水、防潮、防雷击等性能。水产养殖场配电箱的数量一般按照每两个相邻的池塘共用一个配电箱的比例配置，如池塘较大较长，可配置多个配电箱。

2. 废弃物处理设施 水产养殖场的生活、办公区要建设生活垃圾集中收集设施和生活污水处理设施。常用的生活污水处理设施有化粪池等，化粪池大小取决于养殖场常驻人数，三格式化粪池应用较多。水产养殖场的生活垃圾要定期集中收集处理。

第四节 生产设备

标准化池塘养殖生产需要一定的机械设备，目前主要的养殖生产设备有增氧设备、投饲设备、排灌机械设备、底质改良设备、水质检测设备、起捕设备、动力运输设备等。

一、增氧设备

增氧设备是标准化池塘养殖的必备设备，其种类很多，主要有微孔曝气增氧机、叶轮增氧机、水车式增氧机、射流式增氧机、喷水式增氧机等。增氧设备的主要用途是增加水中的溶氧量，通过搅拌水体、促进水体上下循环，达到增氧曝气和改善水质的目的。

1. 微孔曝气装置（图 1-1）　底部微孔增氧是一种通过电动机或柴油机等动力源驱动工作部件，使空气中的“氧”迅速转移到养殖水体中的设备。它综合利用了物理、化学和生物等原理，不但能解决池塘养殖中因为缺氧而产生的鱼浮头等问题，而且可以消除有害气体，促进水体对流交换，改善水质条件，降低饲料系数，提高鱼池活性和初级生产率，从而提高放养密度，增加养殖对象的摄食强度，促进生长，使亩产大幅度提高，充分达到养殖增收的目的。微孔曝气装置特别适用于虾、蟹等甲壳类品种的养殖及鱼苗培育池或温室养殖池的使用。该设备的优点是节电，改善养殖水体生态环境，在水中不会漏电，有利于高密度养殖。缺点是首次投入的资金规模较大，相对于叶轮式等类型增氧机成本较高；目前微孔技术水平有限，生产出来的曝气管容易堵塞；不适合深水池塘使用，深水池塘会因为水压过高而不能起到良好的增氧效果。

图 1-1　微孔曝气装置

2. 叶轮式增氧机（图 1–2） 叶轮式增氧机是通过叶轮把池塘下部的贫氧水吸起来，再向四周推送出去，使死水变成活水。在叶轮下面的水受到叶片和管子的强烈搅拌，在水面激起水跃和浪花，形成能裹入空气的水幕。由于叶轮在旋转过程中，在搅水管的后部形成负压，使空气能够通过搅水管吸入水中，而且立即被搅成微气泡进入叶轮压力区，所以也有利于提高空气中氧气的溶解速度，提高增氧效率。叶轮式增氧机的优点是可提升底层水，使其与表层水相互交替，从而起到向底层水增氧的效果，其增氧深度超过 2 m；机械构造较为简单，在使用过程中很少发生机械故障，维护较为方便，减少了维修成本；在使用过程中，可形成中上层水流，使中上层水体溶氧均匀，适用于池塘养殖和池塘急救；有强烈的曝气功能，对池水中的有害气体如氨气、硫化氢、甲烷、一氧化碳等均能有效曝除。缺点是必须在通电顺畅的条件下才可以使用，在偏远缺电的山区要架设电线，成本费用较高；增氧机一般都必须固定在池塘的一个点上，变换位置较为麻烦，且增氧区域只限于一定范围内，用于较大池塘时其对底层水体的增氧效果较差；增氧机的浮筒常年暴露在空气中，经过日光的暴晒，容易被腐蚀损坏，需要经常更换；属于单点增氧，且机械运行噪声较大，容易影响水产动物的生长和碰伤水产动物；叶轮式增氧机容易将池塘的底泥抽吸上来，不适宜在水位较浅的池塘使用。

图 1–2 叶轮式增氧机

3. 水车式增氧机（图 1-3）　水车式增氧机是用两个长方体的浮箱作为浮力装置，将电机装于浮箱之上，带动中间的立式叶轮，产生水波，从而达到增氧的效果。水车式增氧机的叶轮运动轨迹垂直于水平面，推流方向沿长度和宽度做直流运动和扩散，比较适于狭长鱼塘使用和需要形成池塘水流时使用。水车式增氧机的优点是整机重量较轻，结构较为简单，造价低，浅水池塘增氧效果好；在中上层有着较强的推流能力和一定的混合能力，能获得较大的氧气与水的接触面积，增氧效率高；在池塘中布置 2 台以上的水车式增氧机，可以在整个池塘形成定向水流。缺点是对底层上升力不够大，对深水区增氧效果不理想；在水产养殖动物发生浮头时，不适合用作急救。

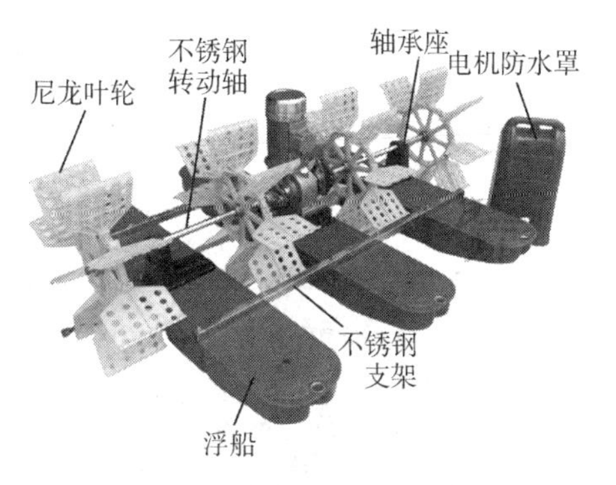

图 1-3　水车式增氧机

4. 射流式增氧机（图 1-4）　射流式增氧机的增氧动力效率超过水车式、充气式、喷水式等形式的增氧机。射流式增氧机的优点是结构简单，能形成水流，搅拌水体；能使水体平缓地增氧，不损伤鱼体，适合鱼苗池增氧使用。缺点是增氧效果不理想，实际生产中常被做成射流式增氧投饵船，达到边投饵边增氧的双重效果；增氧面积小，容易把池底冲上来。

图 1-4　射流式增氧机

5. 喷水式增氧机（图 1-5）　喷水式增氧机是把池中下部较差的水抽上来向上、向四周或向前高速喷出。喷水式增氧机的优点是能够延长、扩大池塘水在空气中曝气增氧的时间和面积；具有良好的增氧功能，可在短时间内迅速提高表层水体的溶氧量，同时还有艺术观赏效果，适用于园林或旅游区养鱼池使用。缺点是由于其有效增氧面积很小，能耗转化差，所以现在仅应用于公园、观光鱼池、小水塘等。

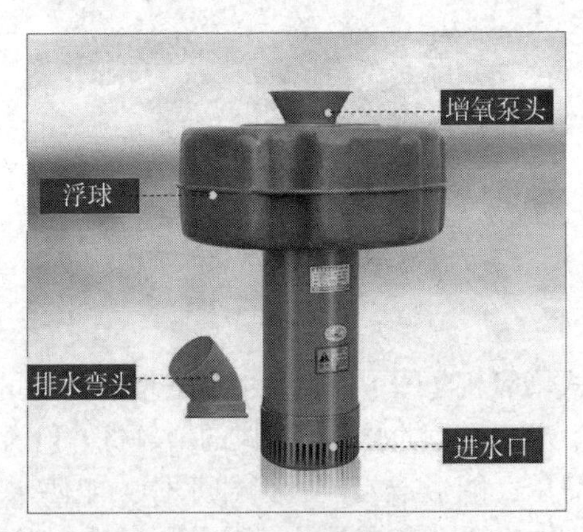

图 1-5　喷水式增氧机

6. 增氧泵　增氧泵也叫作空气泵，工作时将空气压入水中，让空气中的氧气与水充分接触，使部分氧气溶入水中，增加水的含氧量，保证水中鱼类生长的需要。增氧泵具有轻便、易操作、机械磨损微小的优点，使用寿命相对较长。

7. 涌浪式增氧机（图 1-6）　涌浪式增氧机是近几年研制和推广的新型池塘养殖增氧机械，工作原理是利用浮体叶轮中央提水并共振造浪向四周扩散。涌浪式增氧机的优点是设计简单、轻便、省电；能提高阳光对水体的光照强度并增大气液接触面积，促进藻类生长，充分发挥和利用池塘的生态增氧能力；天气较好情况下的增氧能力较强。缺点是池塘较浅时涌浪过大容易搅浑水；阴雨天气增氧能力一般。

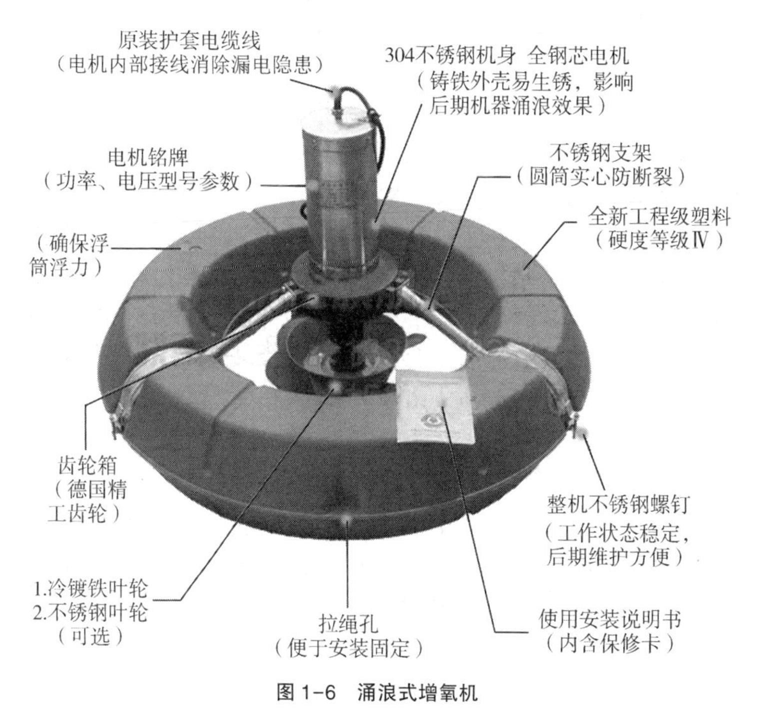

图 1-6　涌浪式增氧机

二、投饲设备

投饲设备是利用机械、电子、自动控制等原理向养殖对象定时、定量投喂粒状、粉状等饲料的机械。投饲设备具有提高投饲质量、节省时间、节省人力等特点，已成为水产养殖场重要的养殖设备。投饲设备一般由料箱、下料装置、抛撒装置和控制器4部分组成。

三、排灌机械设备

为了充分发挥排灌机械设备的经济效益，应根据地形和水文条件，合理配置渠系和管路，并正确选定泵型、台数及相应的扬程、流量等参数。水泵选型应以使用中的吸程、扬程和流量为依据，根据水泵提水的基本原理，采用各种调节方法来适应变化的要求，使动力与泵的额定功率配套恰当。井用泵应根据井深、井径、动水位、涌水量和实际工作扬程选用合理的类型和参数：一般是深井高扬程采用长轴深井泵和潜水电泵；浅井或作业面使用离心泵、螺杆泵及小型叶片泵或微型离心泵，并选用恰当的配套动力，也可使用低扬程潜水泵等。喷灌、滴灌和地下渗灌设备，根据所需压力和流量合理选用动力、水泵和管道尺寸及系统。

四、底质改良设备

池塘底质与水的相互作用能够强烈地影响着水质，底质有问题，水质也当然不好，所以，池塘底质改良工作（简称“底改”）就显得特别重要。底质改良设备是一类用于池塘底部沉积物处理的机械设备，分为排水作业和不排水作业两大类型。排水作业机械主要有立式泥浆泵、水力挖塘机组、碎土机等；不排水作业机械主要有水下清淤机等。池塘底质是池塘生态系统中的物质仓库，池塘底质的理化反应直接影响到养殖池塘的水质和养殖鱼类的生长，一般应根据池塘沉积情况采用适当的设备进行底质处理。

五、水质检测设备

水质检测设备主要用于池塘水质的日常检测，水产养殖场一般应配备必要的水质检测设备。水质检测设备有便携式水质检测设备以及智能鱼塘监控系统等。

1. 便携式水质检测设备　这类仪器多为按键式操作面板，中文显示屏，操作简单，检测结果清晰直观，具有轻巧方便、便于携带的特点。该类设备检测的水质指标主要针对养殖行业的需要而设计，实用性强，项目齐全，并且可以灵活组合，适合于野外使用，可以连续分析测定池塘的一些水质理化指标，如溶氧量、酸碱度、氧化还原电位、温度等。

2. 智能鱼塘监控系统　该系统可实时了解鱼塘的水温、光照、pH 值等问题，更重要的是时刻掌握鱼塘水的溶氧量。现在有了物联网技术的帮助，智能化鱼塘养殖监控系统能够提供水环境监测、远程控制等功能，可以实现对鱼类生长繁育阶段的水温、溶氧量和 pH 值等各项基本参数进行实时监测预警，养殖户可在家中通过个人电脑、手机、平板等电子设备来了解鱼塘的情况，不仅能掌握鱼塘水质实时数据的变化，实时监控鱼塘现场环境，更重要的是一旦发现问题，能够及时自动处理，对鱼塘中的增氧设备实现远程操作，这为养殖户提供了很大的便利。

六、起捕设备

起捕设备主要用于池塘鱼类的捕捞作业，具有节省劳动力、提高捕捞效率的特点。池塘起捕设备主要有网围起捕设备、移动起捕设备、诱捕设备、电捕鱼设备、超声波捕鱼设备等。

第五节　管理措施

一、投入品管理

养殖投入品主要包括苗种、饲料、肥料和渔药等。投入品的使用直接影响到渔业生产和水产品质量卫生安全。

1. 苗种　从外地购进水生动物苗种时应由产地水产或兽医部门做好病害检疫工作，不从疫区购进水生动物苗种，不购进有病的水生动物苗种，以保证生产顺利进行。自繁苗种的生产过程和产品应符合相关法规和质量标准的规定，并做好种质质量的保护，且应保存苗种采购记录和苗种自繁记录。

2. 饲料　养殖场购买饲料时，要看饲料包装是否美观整齐，标签内容是否符合要求，是否有在工商部门注册的商标；看是否取得饲料生产许可证，看饲料的生产日期和保质期，选购信誉度高、质量好的厂家产品。从质量好、信誉高的生产企业进货，把好安全指标检测关，并检查有无规范的标签。根据产品的形状、结构、颜色、质地、光泽度、透明度、颗粒度等特征，检查是否有掺假现象，观察有无变质。购置原料时，要向供货商索要有检测资质的机构出具的合格检测报告，并签订供货合同，明确责任，避免非合同采购或购置来历不明的货物。选择供货方送货或自己提货，认真核对批次、数量，观察包装是否完好、气味颜色有无异常、是否掺假等。

3. 肥料　水产养殖肥料分为有机肥和无机肥两种。有机肥主要包括粪肥、绿肥、厩肥和堆肥等，含有各种无机盐如氮、磷和钾，以及有机物质如蛋白质、脂肪和糖等。肥料效果持久，但施用后分解速度较慢，因此也被称为“晚效肥料”。有机肥在水中腐烂分解，消耗氧气，释放硫化氢、氨气、二氧化碳等气体，会对鱼类生长产生不利的影响。施用时，不宜将大量新鲜有机肥直接施用于鱼塘，应将其封闭发酵腐熟后再施用。无机肥也称为化学肥，包括氮肥、磷肥、钾肥等，肥料中所含的营养成分相对简单，遇水很容易分解，很快就会起效，因此，它也被称为“速效肥料”。

施肥应有针对性，应根据水体的重量进行施肥。一般来说，新建池塘应给予基肥。为了补充水体中的肥料消耗，促进饵料的生物生长，有必要在鱼塘中加入肥料。追肥时应基于及时性、一致性原则。施肥量应随季节而变化，根据天气、水的颜色和鱼类条件的变化适度施肥。一般来说，在春季和秋季较少施肥，夏季则施肥较多；天气晴朗多施用，雨天不用或少用；水色较浅时施用较多，水色较厚时少施或停施。另外，为了充分发挥各种肥料的不同效果，最好在实际生产中使用或交替使用有机肥和无机肥，以弥补缺点。当确定水体缺乏某种或某些肥料时，建议使用某种肥料或单一肥料来填补缺陷。总之，施肥应考虑多种因素，并在生产实践中根据具体情况进行调整，以取得良好的效果。

4. 渔药 渔药是指专门用于渔业生产确保水产动植物机体健康成长的药物，应用范围限定于增养殖业，而在捕捞渔业和渔产品加工业方面所使用的物质则不包括在渔药范畴内。现代养殖渔业分为鱼、虾、贝、龟、鳖等各种水产动物增养殖和以紫菜、海带等藻类为主的水产植物种植、养殖两大部分。因此，渔药同样区分为水产植物药和水产动物药两部分，也可称为水产药。水产动物药和兽药有比较密切的关系，而水产植物药则与农药关系比较密切。应当指出的是，当前国际上对渔药的研究、开发和应用，主要集中于水产动物药，故常常将渔药狭义地局限为水产动物药。在购买渔药时，一定要注意所购买的渔药是否有生产许可证号、兽用标识、渔药名称（通用名、商品名及汉语拼音）、适应证（功能或主治）、含量/包装规格、批准文号、生产日期、生产批号、有效期、生产企业信息（如厂名、厂址、电话、邮编、电子邮箱、网址等）等内容。渔药的存放对于保持渔药的质量，保证产品的安全有直接的影响。渔药的使用必须按照《无公害食品　水产品中渔药残留限量》（NY 5070—2002）和《无公害食品　渔用药物使用准则》（NY 5071—2002）的规定执行，严禁使用未取得生产许可证、批准文号、产品质量执行标准的渔药，禁止使用高毒、高残留渔药，禁止使用致癌、致畸、致突变作用的渔药，禁止使用国家明令禁止的渔药。

（1）渔药的分类：根据渔药的功能分类，一般可将渔药分为消毒剂、环境改良剂、抗微生物制剂、寄生虫驱杀剂、中草药、生物制品等。虽然国家法规没有将水质改良剂归类于渔药，但由于鱼虾防病的特殊需要，本书中还是将水质改良剂归为渔药一类。

1）消毒剂：消毒剂具有破坏生物活性的功能，用于杀灭养殖环境、动物体表和工具上的有害生物或病原微生物，控制疾病传播或发生。生产上常用的消毒剂种类很多，按作用机制分为氧化性消毒剂、表面活性剂、醛类等。常见的消毒剂有漂白粉、三氯异氰尿酸、二氧化氯、高锰酸钾、聚维酮碘、苯扎溴铵等。

2）环境改良剂：环境改良剂一般指改良水体、底质等养殖环境的物质，可转化或促进转化水体环境中有毒有害物质、增加水体有益或营养元素，包括底质改良剂、水质改良剂等，一般分化学性和生物性两类。常见的化学环境改良剂有生石灰、EDTA（乙二胺四乙酸）及沸石粉等；常见的生物环境改良剂有光合细菌、枯草芽孢杆菌等。

3）抗微生物制剂：抗微生物制剂具有抑制细菌、病毒和真菌繁殖的功能，用于预防和治疗因细菌、病毒和真菌所导致的鱼虾动物疾病，以内服为主。常见的抗微生物制剂以抗菌药为主，有抗生素类（如氟苯尼考）、磺胺类（如磺胺二甲嘧啶等）和喹诺酮类（如诺氟沙星等）。

4）寄生虫驱杀剂：寄生虫驱杀剂具有驱除或杀灭鱼虾动物体内、体表或养殖环境中寄生虫的功能，用于抵御寄生虫对养殖动物的侵害。根据用药的方式，有内服和泼洒两类，常见药物有阿维菌素、甲苯达唑、硫酸铜、氯氰菊酯等。

5）中草药：中草药具有抑制微生物活性、增强养殖动物抗病能力等功能，用于预防和治疗鱼虾疾病。中草药具有天然、安全、药效温和等优点，是无公害养殖的首选药物，常用的中草药有三黄粉、大蒜和板蓝根等。

6）生物制品：具有特定的生物活性，用于预防、治疗或诊断特定的疾病，主要包括疫苗和生物诊断试剂等。

（2）渔药的使用原则：

1）渔药的使用应以不危害人类健康和不破坏水域生态环境为基本原则，并坚持做到“以防为主，防治结合”。

2）渔药的使用应严格遵循国家和有关部门的规定，严禁生产、销售和使用未取得生产许可证、批准文号及没有生产执行标准的渔药。

3）积极鼓励研制、生产和使用“三效”（高效、速效、长效）和“三小”（毒性小、副作用小、用量小）的渔药，提倡使用水产专用渔药、生物源渔药和渔用生物制品。

4）病害发生时应在专业技术人员的指导下对症用药，防止滥用渔药与盲目增大用药量或增加用药次数、延长用药时间等。

5）食用鱼上市前，应有相应的休药期。休药期的长短，应确保上市水产品的药物残留限量符合国家有关的规定要求。

6）严禁使用违禁药。

（3）渔药的使用方法：

1）用药剂量严格以渔药制剂产品说明书为准。

2）口服给药的剂量常按主动摄食的水生生物的体重(mg/kg)给药；药物拌饵还要考虑养殖生物的摄食率，以此计算饵料中应添加的药物剂量。

3）药浴或全池泼洒给药则按养殖水体体积计算给药剂量，但也需要考虑池塘中各种理化和生物因子的影响，诸如 pH 值、溶解氧、水温、硬度、盐度、有机质和浮游生物的含量等。

4）挂袋（篓）给药时，药物的最小有效剂量必须低于水产生物的回避剂量。

5）注射法给药时，按照注射个体的重量计算出给药的剂量。

6）多数渔药在泼洒给药过程中都要消耗水体中的氧气，因而不宜在傍晚或夜间用药（某些有氧释放的渔药除外，如过氧化钙、过氧化氢等)；外用杀虫剂不宜在清晨或阴雨天给药，因为此时用药不仅药效低，还会造成养殖生物缺氧“浮头”，甚至泛池。

7）池塘泼洒渔药，宜在上午或下午施用，避开中午阳光直射时间，以免影响药效；阴雨天、闷热天气、鱼虾“浮头”时不得给药。

8）对于患病严重的鱼池，病鱼会停止摄食或很少摄食，所以应选择全池遍洒、浸浴法等给药方法，避免使用投喂法、挂袋法；一些体表患有溃疡、伤口感染等病灶的，特别是亲鱼、龟、鳖、蛙类，可用涂抹法给药。

9）由细菌、病毒和体内寄生虫引起的疾病，可用口服法、挂袋法、全池遍洒法、浸浴法、浸泡法给药；由体表寄生虫引起的疾病可用全池遍洒法、浸浴法、浸泡法给药。

10）药物的理化性质与类型不同的药物的水溶性也不同，除杀虫药物外，能溶于水或经少量溶媒处理后就能溶于水的药物，可采取拌饵口服投喂法、全池遍洒法、浸浴法、挂袋法；杀虫类药物可用全池遍洒法、浸浴法、挂袋法；疫苗可根据免疫对象选用浸浴法、喷雾法甚至口服法，亲鱼使用催产激素可采用注射法。

二、生产管理

生产管理是养殖过程最重要的环节。池塘养殖是“三分放养，七分管理”。放养只是为高产稳产高效打下基础，但要取得预期效果必须进行长期认真的管理。

1. 清塘消毒

（1）清污整池：投放鱼苗之前，要对鱼塘进行全面彻底的消毒工作，将鱼塘中的杂草、杂鱼及各种病菌等有害生物都要清理干净，为苗种营造优质的生长环境，保证其正常生长，避免出现一些不必要的损失。

随着养殖年限的增加，池塘的残饵、粪便、腐烂的水草等会造成池塘有机质增多，长期处于缺氧的环境会造成池塘底部无氧呼吸增加，还原性、酸性增强，再加上养殖过程中使用的除藻剂、杀虫药都会慢慢积累到底层环境中，造成底泥毒性越来越大。

清污整池工作一般在每年冬季进行，池塘经一年养殖后，会积聚污泥、残饵、排泄物等，使池底环境恶化，故必须进行清理。在清除淤泥后，池塘应晒干至底泥表面龟裂。每年收获之后，应将养成池及蓄水池中沉积物较厚的地方，翻耕暴晒或反复冲洗，促进有机物分解。若清池不彻底，将影响第二年的养殖质量。清出的污泥可以作为植物的肥料，避免造成二次污染。

（2）药物清塘：生产上常用于清塘的药物有下列几种。

1）生石灰：在清塘的过程中，如果能使池水 pH 值超过 11 并能维持 2 小时以上，就可以达到杀死敌害生物和病原微生物的目的，能有效杀灭野杂鱼、蛙卵、蝌蚪、水生昆虫等。生石灰遇水后生成氢氧化钙，并释放出大量的热量。氢氧化钙为强碱，能够在短期内将池水的 pH 值提高到 11 以上。

生石灰对野杂鱼和敌害生物的杀灭范围比较广，清塘后容易形成浮游生物的高峰，能够及时为下池的鱼苗提供生物饵料，是清塘药物的首选。

方法一：干法清塘。先将塘水排干或留水深 5~10 cm，每亩用纯氧化钙 25~30 kg，视塘底淤泥多少而增减。清塘时在塘底先挖几个小坑，然后把生石灰放入溶化，不待冷却立即均匀泼洒全池；第二天早晨可以翻动一次，让其和淤泥拌混，充分发挥生石灰的作用。

方法二：带水清塘。每亩水深 1 m 用纯氧化钙 40~50 kg，通常将生石灰放入小船内，待生石灰溶化后趁热立即全池泼洒；清塘后 7~9 天药性消失后即可放鱼苗，下苗前不必加注新水，避免野杂鱼和病虫害随水进入池内的风险，防病效果比干池清塘法效果更好。

生石灰在使用过程中需要注意，北方盐碱地池塘使用生石灰清塘会增加池塘底质的碱性，造成放苗后 pH 值过高，建议使用漂白粉代替。另外，由于生石灰易吸收空气中的二氧化碳和水而潮解，在生石灰的选购过程中，需要根据生产的需要来安排采购，一次不能存储过多和存储时间不能过长，以免生石灰潮解形成碳酸钙而失效。

2）漂白粉：漂白粉是氢氧化钙、氯化钙和次氯酸钙的混合物，其主要成分是次氯酸钙。漂白粉外观为白色或灰白色粉末或颗粒，有显著的氯臭味，很不稳定，吸湿性强，易受光、热、水和乙醇等作用而分解，溶于水。漂白粉一般含有效氯 30%左右。漂白粉遇水后会产生极不稳定的次氯酸，次氯酸分解产生的氯原子和氧原子通过氧化和氯化的作用，会产生强大的杀菌作用。漂白粉对养殖水体中的病原微生物均有较强的杀灭作用，同时能杀灭水生昆虫、蝌蚪、螺蛳、野杂鱼类和部分河蚌。漂白粉的杀菌效果与生石灰接近，但是漂白粉具有一定的除藻作用，清塘后不利于浮游生物高峰的形成。

将漂白粉加水溶解后，立即泼洒全池。建议将池水排到30~50 cm深再清塘。清塘3~5天后检查，如药性完全消失，便可放鱼苗。放鱼苗前最好先试水，以确认药性完全消失。由于漂白粉易吸湿潮解，在使用的过程中需要根据养殖生产的需要来采购，一次不宜采购过多，以免因存储时间过长而分解失效导致有效氯含量的下降。

使用漂白粉时需要注意，漂白粉的清塘效果与环境有很大关系。清塘适宜选择晴天进行，能提升效果；漂白粉应装在木制或者塑料容器中，加水充分溶解后全池均匀泼洒，残渣不能倒入池塘中，使用金属容器盛装会腐蚀容器并降低药效；施用漂白粉时应做好安全防护措施，操作人员应戴好口罩和橡皮手套，施药时应处于上风处施药，以避免药物随风扑面而来腐蚀衣物甚至引发中毒。

3）茶粕：又称茶籽饼，别名茶麸、茶枯，紫褐色颗粒，是山茶油果实榨油后剩下的渣压成的饼粕，是我国水产养殖清塘、杀灭野杂鱼常用的渔用投入品。

茶粕中含有12%~18%的皂素。皂素又称皂角苷，是一种溶血性毒素，可与水生动物血细胞中的血红素结合，导致血细胞分解，水生动物死亡。由于血色素的组成不同，虾蟹类对茶粕的耐受力是鱼的40倍以上。鱼的血色素含亚铁血红素，虾蟹类的血色素是含铜的血蓝素，皂素主要和血红素发生作用。茶粕能杀死野杂鱼类、蛙卵、蝌蚪、螺蛳、蚂蟥和一部分水生昆虫，对水中的贝类、沙蚕等也表现出一定的毒性，对于致病菌和水生植物没有杀灭作用。此外，茶粕中含有丰富的粗蛋白及多种氨基酸等营养物质，清塘进水后，有利于浮游生物大量繁殖，是基础饵料生物的一种良好有机肥料，对淤泥少、底质贫瘠的池塘可起到肥水的作用。

在使用茶粕清塘的时候，需要先将茶粕粉碎，浸泡24小时，以便于茶粕中的清塘有效成分（皂素）的释放。建议带水清塘，水深30~50 cm。根据池中泥鳅、黄鳝等钻泥的水生动物多少调整用量，全池均匀泼洒，一般情况下每亩用量为20~30 kg。茶粕的药效一般持续7~10天，药效消失后才可放苗。

实践中，如果池中泥鳅、黄鳝等钻泥的水生动物较多，在清塘前1~2天将全池注水0.15 m深浸泡，待泥鳅、黄鳝等从底泥中钻出后再使用茶粕清塘，杀灭效果较彻底；由于皂素易溶于碱性水中，使用时每50 kg茶粕加1.5 kg生石灰，药效更佳。

2. 养殖技术要点

（1）八字精养法：鱼塘常规养殖技术要点可归纳为“水、种、饵、混、密、轮、防、管”，简称“八字精养法”。

1）“水”：俗话说“养鱼先养水”，水是鱼生长的基本环境。在实际养殖过程中同时应兼顾底质，正所谓“养水重看底”。水好、底好是养好鱼的前提。同时还应根据天气、鱼塘水质或底质情况，灵活使用水质改良剂或底质改良剂，合理开启增氧设备，促使池塘水质保持“肥、活、嫩、爽”。

2）“种”：到正规鱼苗场购买健壮、无病、无伤、规格整齐划一的鱼种。放苗前1~2小时全池泼洒防应激产品；放苗时，在放苗区域内重点再泼洒一次，可有效提高苗种成活率。

3）“饵”：放苗后，应逐步增加投喂量，同时可适当添加营养类添加剂拌料投喂，调理鱼类的肠胃。投料应遵循“四定”（定时、定点、定质、定量）原则及“四看”（看天气、看水质、看季节、看吃食情况）原则，视养殖情况适时增减料或停料。

4）“混”：根据鱼类的生活习性以及自身的养殖目标，合理利用水体资源和饵料，提高亩产量，增加养殖效益。中上层滤食性鱼类有鲢鱼、鳙鱼等；中下层鱼类有草鱼；底层鱼类有青鱼、鲫鱼、鲮鱼等。

5）“密”：根据自身养殖技术、池塘养殖面积的大小以及养殖配套设施等方面来确定养殖密度。

6）“轮”：即轮捕轮放，分期捕大留小，适当补放鱼种。及时稀疏养殖密度，有利于鱼类生长，提高养殖效益。

7）“防”：坚持“以防为主，防重于治”的方针，重点防控好病原、养殖环境、养殖鱼类体质等病害来源三要素，切实做到无病先防、有病早治、防治结合，将鱼病控制在萌芽状态。4~5月、8~9月是一年中气候变更的季节，是两大发病高峰期。这两个时段要重点做好稳定水质、底部消毒、抑菌等方面的工作。视养殖情况内服免疫多糖等营养类保健药物以及光合细菌等益生菌类保健药物，增强鱼类体质，降低发病率。

8）“管”：日常管理应做到“四勤”。一是勤巡塘；二是勤注水；三是勤观察，如吃食、水质指标（溶解氧、氨氮等）、鱼病等情况；四是勤检查，如检查增氧机底盘有无生锈或松脱等情况，并记好饲养日志。有条件的养殖场，应配备柴油发电机和化学增氧剂，以防断电鱼类“浮头”。

（2）混养搭配：混养是我国标准化池塘养殖的重要特色。鱼塘根据养殖水产的生物学特点，如栖息习性、食性等，充分运用其相互有利的一面，尽可能地限制和缩小其矛盾面，让不同种类和同种异龄的水产动物在同一空间和时间内一起生长和生活，从而发挥“水、种、饵”的生产潜力。如果采用混养，混养种类的搭配必须合适，比例应适当。

（3）收获：商品鱼要求体态完整、体色正常、无伤、无残、健壮活泼、大小均匀。上市前要严格按照休药期规定的时间停药，使用过的药物要低于规定的药物残留限量值方可上市出售。

3. 越冬管理

（1）增加水位：北方冬季天气寒冷，气温长期维持在零下，鱼塘周边甚至出现结冰现象，不利于鱼的越冬，要适当加水，这样鱼可以集中在深水位越冬。

（2）强化改底：越冬前要对鱼塘进行强化改底，降解池塘底部的残饵、粪便等有机沉淀物，降低耗氧因子，清除氧债，帮助鱼顺利过冬。另外，冬季鱼塘水质一般较为清瘦，可在晴天上午培肥水体。

（3）投饵管理：整个越冬期间，只要水温达 8 ℃以上，就应坚持投喂配合饲料，一般选择晴天中午投喂，每隔 2~3 天投喂 1 次。增喂含蛋白质高的饲料可提高抗寒能力，同时还可以投喂添加维生素 C、维生素 E 的饲料，以增加存塘鱼的体质和免疫力。

（4）水质管理：每 15~20 天加水 1 次，每次加水 20~30 cm 深，保持水深为 2 m 左右；若水质偏瘦，应追施过磷酸钙，用量为 3~4 kg/亩，以培肥水质，保持透明度为 30~40 cm 深。

（5）其他要点：冬季温度较低，休药期变长，杀虫和杀菌等刺激性较大药物要减少使用，避免造成不必要的损失。另外，冬季是卖鱼的高峰期，拉网收鱼的过程中还要注意减少机械性损伤，防止水霉感染。

4. 制度管理

（1）制定操作规程：标准化池塘养殖场要结合市场需求和养殖场实际制订生产计划，要根据生产特点和要求制定生产技术操作规程，在生产过程中认真落实计划并按照操作规程进行生产管理。

（2）落实生产记录：标准化池塘养殖场应当填写水产养殖生产记录，记载养殖种类、苗种来源及生长情况、饲料来源及投喂情况、水质变化等内容。水产养殖生产记录应当保存至该批水产品全部销售后 2 年以上。

（3）严格资料管理：标准化池塘养殖场应建立生产技术资料保存制度，利用资料分析总结生产中存在的问题，为制订工作计划提供参考。

5. 产品管理　标准化池塘养殖场应建立质量管理制度和产品追溯制度，养殖产品在进入市场出售前要进行质量检测，确保产品质量符合相关规定及相关的国家食品安全卫生标准。水产养殖场一般应建立从养殖成品到苗种的可追溯体系，及时记录和妥善保存与生产相关的记录、文件、数据等资料，以保证养殖产品的可溯源性。可追溯体系作为食品安全的基础，是确保养殖水产品在发生食品安全事故需要实施召回措施时的基础保证，也是养殖场维护自身利益的一个有力技术手段。

水产品上市前，应有相应的休药期，休药期的长短要确保上市水产品的药物残留符合《无公害食品　渔用配合饲料安全限量》（NY 5072—2002）要求，不得使用国家明令禁止使用的药物或添加剂，也不得长期在饲料中添加抗生素。销售的水产品必须符合国家或地方水产品质量安全强制性标准；不符合标准的产品应当进行净化处理，净化处理后仍不符合标准的产品禁止销售。销售自养水产品应当附具产品标签，标签中应注明单位名称、地址、产品种类、规格、出池日期等。

第二章　池塘生态综合种养技术

池塘综合种养模式是指在池塘开展养殖业的同时，利用池塘里的水来发展种植业的农业生产模式。这种“一水两用，一养双收”的模式，能够有效提升农业综合效益，稳定增加农民收入，是广受欢迎的农业生产模式之一。目前，我国综合种养蓬勃发展，技术模式不断创新，形成了稻鱼、稻虾、鱼菜共生等一批综合效益显著的种养模式。池塘综合种养已成为农民增收的重要手段，对更好地实现就业、致富的目标，在粮食安全、提质增效、绿色发展等方面都具有重要意义。

在本章，我们主要讨论稻鱼、稻虾综合种养技术以及鱼菜共生养殖技术。

第一节　稻鱼综合种养技术

我国是全球最大的稻米生产国和消费国。传统的水稻种植长期使用大量化肥和农药，虽然对增加产量贡献巨大，但也会带来众多农产品质量安全和生态环境问题，并且种植效益低，导致农民种粮的积极性不高。面对日益突出的粮食安全与生态环境问题，在水稻生产中如何实现“减肥减药”的同时保证丰产、稳产，已成为我国水稻产业发展的目标和趋势。

中国具有悠久的稻鱼综合种养历史，是世界上最早开展综合种养的国家。发展稻鱼综合种养，在水稻种植中引入鱼类养殖，以“以稻养鱼，鱼肥养稻”为基本原则，通过种养结合、生态循环，实现一水多用、一田多收、种养协调发展，最终实现鱼肥、粮高、环境友好、可持续绿色发展，是发展生态农业、提高稻田综合效益的一项重要的技术措施。

一、技术简介

稻鱼综合种养是基于稻田浅水环境下，应用生态系统共生互惠的原理，在进行水稻种植的同时，加入鱼类进行养殖，从而优化稻田生态系统的结构与功能，最终实现水稻与鱼类互利共生的一种生态养殖模式。

稻鱼综合种养充分利用物种间资源互补的循环生态学机制，采用稻鱼共生、稻鱼轮作的方式，依托水稻与鱼类的两大资源优势，最终实现一水两用、一田双收，是一种生态循环、优质高效的稻田综合种养模式。在稻鱼综合种养模式中，水稻和鱼类是一个相互依存、循环利用的生物链。稻田内的水资源、杂草资源、水生动物资源、昆虫以及其他物质和能源，能够更加充分地被养殖的水生生物所利用，达到为稻田除草、除虫、松土和增肥的目的。养殖的鱼类能为秧苗活泥增氧，田间的秸秆和稻蔸是鱼类天然的栖息附着场所，同时为鱼类提供了丰富的食物，鱼类的排泄物还能为稻谷的生长作打底肥，养殖的鱼类使农户对稻田的用肥用药慎之又慎、轻之又轻，形成一个互惠共生的良性循环系统。

水稻害虫的生物防治是稻鱼养殖的突出特征之一。在稻鱼养殖中，鱼可以捕食水稻飞虱等害虫，特别是杂食性鱼类，如罗非鱼和鲤鱼。因此，在稻鱼系统中，农药的使用大幅减少甚至几乎为零。稻田养殖鱼类可以较彻底地消灭田中的杂草、落水害虫、浮游生物，变害为利，省去了人工除草的繁重劳动，更有化学除草剂不能比拟的无公害化优势，既节省费用，又减少了对环境的污染。

在稻鱼综合生态系统中，一方面，水稻为鱼类提供了阴凉，尤其是在夏季，田间的水温可以在一定程度上降低。腐烂的水稻叶片为微生物的繁殖提供了有利条件，而微生物是鱼类的主要饲料，不仅可以减少饲料投喂，还能有效保障鱼类的营养。另一方面，鱼类在稻田中游动觅食时，有助于种植水稻的表层土壤变松，增加土壤的渗透性和含氧量，它们的排泄物既是水稻的天然肥料，也是土壤的养分，为水稻的生长提供营养。此外，鱼的另一个贡献是将水稻害虫、杂草草籽等作为食物，对稻田起到除虫、除草的作用。这样，鱼稻都被定位在循环系统良性、综合功能增强、生产能力提升的良好生态环境中（图 2-1）。

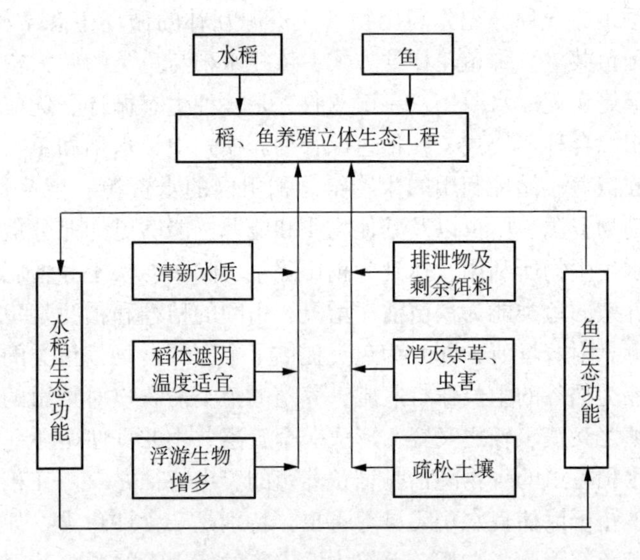

图 2-1　鱼稻共生系统中不同组分的相互作用

总之，稻鱼综合种养利用稻田的浅水环境来辅助鱼类养殖，通过优势互补的生物链，有效减少化肥农药使用量，提升了水产品和稻谷的品质，既保障了食品安全又破解了农民增收的难题，真正实现粮食稳产、农民增收、农业增效，生态效益、经济效益和社会效益明显。

二、技术要点

1. 稻田设施建设

（1）稻田选址：选择水源充足，水质清新，周边无污染源，排灌系统完善，田埂坚固，土质为中性、微碱性的壤土或黏土的稻田，集中连片，以便于管理，进、排水口应选择在稻田相对两角的田埂上，以便进、排水时形成环流水。

（2）开挖鱼沟：在布局结构上可根据稻田形状和面积，开挖鱼沟、鱼坑，面积占稻田面积的 6%～10%。鱼沟一般宽 60～100 cm，深 50～60 cm，可挖成“一”字或“十”字等形状。

（3）田埂修建：加高加固田埂，高出稻田平面 40～50 cm，加宽至 30～40 cm，田埂层层夯实、不渗水、不漏水，进水口也需要安装栅栏，防止水蛇等敌害入侵，拦鱼栅设两层为宜，能有效避免田鱼跳跃、逃逸。若田埂不够牢固，需要提前做好加固和加深处理，确保稻田进水和排水口处于合适的高度。

2. 水稻移栽、鱼苗投放

（1）水稻移栽：选择抗倒伏、优质、高产、抗病、适应性强的优质水稻品种。养鱼的稻田应早放水、早插秧、早整田、早放苗种。适时早栽，根据不同田块的肥力水平、不同品种的生育特性、秧苗的素质、秧龄和目标产量，合理确定基本苗。栽插可采用机械插秧，每亩播种量 25～30 kg，常规水稻每穴 3～4 苗，每亩基本苗达到 6 万株。

（2）鱼苗投放：放养密度不宜过大，根据投喂和不投喂模式可放鱼种分别为 500～600 尾/亩和 200～300 尾/亩。苗种放养操作要熟练、轻快，防止鱼体受伤。放入的位置应选择在开挖的坑和沟中，让其自行分散。放养时，还要注意水的温差，运鱼容器中的水温与稻田水温相差不能超过 2 ℃。放苗前鱼体用 5%~8%的食盐水或 20mg/L 的高锰酸钾溶液药浴 10 分钟左右。

3. 稻田施肥 每亩施尿素 10 kg，腐熟农家肥 300~500 kg，氯化钾 10 kg，磷肥（过磷酸钙）15 kg。在移栽后 30~35 天，每亩追施氮肥（尿素）5 kg 左右。移栽后 15 天内，稻田保持浅水 3~5 cm 深，促进返青分蘖。

4. 鱼类饲喂 稻鱼综合系统中，鱼类的饲料来源主要为两大类。第一类是天然饵料，这类饵料可以通过施基肥、追肥进行培育，水稻的害虫也是其饵料来源之一。传统稻田养鱼的饲料主要依靠天然饵料。第二类饲料是人工饵料，靠人工投喂供给。人工饵料以自有的青料、米糠、麸皮及大、小麦等杂粮为主，也可投喂鱼用全价配合颗粒饲料。日常投喂每天上午和下午各一次。饲料的日投放量为鱼重量的 5%~6%，养殖前期可适当多投。投喂地点最好选择在进水口的鱼坑内，并在投饵时加适量干净水和氧气，以利于鱼类吃食和消化，同时要根据鱼类的生长情况、饲料食用情况、实际的天气情况等进行适当调整，避免因过多的浪费致使饵料污染水质。

5. 养殖管理 在水源水质管理方面，关键是要保证用水安全，不能让有毒水体流入田中，在高温季节需注意换、排水，可适当加深水位防止田水温度过高。水稻生长的初期，水位可保持在 3~5 cm，让水稻尽早返青；水稻生长的中后期，水位可保持在 15 cm 左右。

管理中既要做好干旱季节的保水问题，又要做好雨季排涝工作，稻田养鱼的日常管理关键是防漏和防溢逃鱼。因此，必须经常巡视田埂及检查拦鱼网栅，特别是大雨天要及时排水，注意清除堵塞网栅的杂物，以利于排、注水畅通。稻田中田鼠会在田埂上打洞，造成漏水逃鱼，应仔细检查并及时堵塞。养鱼稻田不能让鸭子进入，如发现水蛇等敌害生物，也要尽量想办法除掉。巡田要做到认真仔细，注意鱼类的活动及吃食情况，及时掌握鱼类的生长信息。

6. 防逃防害　为防止鱼类逃离、有害生物入侵，过滤田间漂浮物，同时确保排水，所有的进、出水口要加装两层防护网，靠近出水口放一层较疏的弓形网，远离出水口再放一层较密的弓形网。田埂较低处要加泥沙袋，同时田埂周边加一层密网，平时经常检查拦鱼栅、田埂有无漏洞，暴雨期间加强巡察，及时排洪、清除杂物。

7. 病害防治　提倡使用生物病虫害防治办法。化学防治水稻病虫害时，要选择使用高效、低毒、低残留且对鱼类影响较小的药物，严格掌握药物的安全使用量。下雨前不能施药，也不能拌土施药。在施药前，注意应慢排水，让鱼进入鱼沟和鱼坑内再施药，3~5 天后再放水入田。施药时尽量喷施在水稻茎叶上，粉剂药要在清晨露水未干时喷撒，水剂药应在露水干后喷雾，施药前稻田水深应在 15 cm 以上。禁止使用有机磷（乐果、甲胺磷）、菊酯类（高效氯氰菊酯等）、毒死蜱等杀虫剂。

三、技术优势

1. 净化水质　池塘水面种稻后，水稻生长需要大量吸收水中氮、磷等富营养化物质。大量的研究和实践证明，稻鱼共生系统中氮、磷去除率可达 60%以上，透明度可达到 50 cm 以上，水质明显好转。

2. 减少病害发生　首先，稻田水体的含氧量高，为鱼类提供了良好的生活环境，加上鱼类的放养密度较小，鱼的发病率较低。其次，在鱼稻共生系统中，池塘底泥一方面可以固定秧苗，另一方面可以为水稻生长提供大量的氮、磷等营养物质，使水体变瘦，降低寄生虫和病原菌密度，从而降低鱼病发生的风险。再次，鱼在稻田中吃丰富新鲜的虫和草，可有效减少水稻虫草害的发生，排泄的粪便也可作为天然的有机肥。最后，田螺等以腐殖质为生的生物，可改善稻田生态环境，相对减轻水稻病害的发生。

3. 提高农产品产值 鱼种入场前检验检疫合格，全部生长周期不用渔药，水稻在生长过程中不施肥、不打药，水产品、大米不含药物残留，汞、镉、砷、铅、铬含量极低，有的还低于仪器检出限值，产出的水产品和大米品质较好，产值较高。

四、面临的挑战

1. 水利条件 水源充足、灌排水方便的稻田是发展稻田养鱼的关键条件。北方由于地理条件，一般水源比较短缺，土地干旱、土壤渗漏现象比较普遍，保水性能差，这给北方发展稻田养鱼带来较大的阻力。

2. 技术水平有待提高 虽然我国稻田养鱼历史悠久，但技术基础较薄弱，承包田规模小、分布零星，客观上给发展稻田养鱼带来了困难。

3. 旧观念束缚 稻田养鱼生产发展还不平衡，主要原因是一些地区对发展稻田养鱼的作用和意义认识不够，存在两种错误想法：一种认为稻田养鱼时开挖鱼沟，影响粮食生产，不宜大力提倡；另一种观点认为稻田养鱼是小打小闹，费力气又形不成产量，发展稻田养鱼意义不大，同时学习和掌握新技术也需要一个过程。

4. 管理问题 发展稻田养鱼需要相关部门的密切配合和支持。农业、渔业、水利等部门能否密切协作，关系到稻田养鱼生产能否顺利地发展。另外，稻田养鱼水浅鱼多，渔政管理较为困难，给稻田养鱼农户心理上增加了无形的压力，挫伤了农民生产的积极性，也制约了稻田养鱼的发展。

5. 缺乏健全的技术服务体系 鱼种是稻田养鱼首要的物质基础，肥料、饲料是养鱼产量的保证，做好鱼病防治工作可以减少生产损失，稻田养鱼服务体系的不健全，从根本上制约了稻田养鱼生产的发展。

第二节 稻虾综合种养技术

一、技术简介

稻虾综合种养是通过对稻田实施工程化改造，在稻田浅水环境中种植水稻的同时养殖小龙虾的一种高效生态种养模式。此模式可提高土地与水资源利用率，提高小龙虾产品的规格和产量，改善稻米品质，显著减少农药化肥用量，提高综合效益，具备投资少、风险小、周期短、见效快、带动强、效益佳的特点。

21 世纪初，湖北省潜江市农民和农业工作者探索出“先稻后虾”的稻虾连作模式，并在此基础上发展出稻虾共作模式。近年来，稻虾综合种养技术在我国尤其是长江中下游地区推广迅速。2020 年，我国小龙虾养殖总面积达到 2 184. 63 万亩，养殖总产量达到 239. 37 万 t，其中小龙虾稻田养殖占比最大，养殖面积约为 1 892. 03 万亩，产量 206. 23 万 t，分别占小龙虾养殖总面积和总产量的 86. 61%、86. 16%，分别占全国稻渔综合种养总面积和总产量的 49. 22%、63. 38%。

稻虾综合种养参照《稻渔综合种养技术规范》（DB 50/T 864—2018），具体流程如下：在水稻收割前依据小龙虾的存塘量补充适量种虾，翌年 3 月即可开始收获虾苗和成虾；新养殖户会选择在春季按 9 万～12 万尾/hm^2 投放虾苗，小龙虾在水稻种植前轮捕轮放，6月上旬前做好水稻整田、插秧工作，7~9月继续收获成虾和按照雌雄比3∶1的比例补充部分种虾，10月收割水稻，冬季自繁自育虾苗，年复一年如此循环轮替。小龙虾在稻田内活动，不仅可以为稻田松土、除草，还能增加水稻分蘖期与灌浆期的叶片含氮量，提高水稻的成穗率。小龙虾的排泄物可作为水稻的天然肥料，生产的稻谷无公害、品质高。同时，水稻可以为小龙虾提供栖息地和食物，还可以为小龙虾避害、遮阴，养出的小龙虾味美个儿大卖相好。两者互补互依，形成了绿色生态种养模式。水稻品种应选用株型中偏上，抗虫害、抗逆性好、抗倒伏、适应性佳、生育期短且耐肥性优的大穗型高产稳产优质稻品种。

二、技术要点

1. 稻田选择

（1）土质：优先选取保水性能好的土质，以壤土最佳，黏土次之，沙土最劣。沙质土的保水、保肥能力差，水草种植难度较大，此外田埂、虾沟易坍塌，导致小龙虾打洞死亡。田底肥而不淤，土壤有毒有害物质限量符合要求。如果盲目地把不适宜养虾的稻田用以改造养虾，结果往往得不偿失。

（2）水源：外源水质优良，水量充足，不被农业、工业、生活污水污染，水质应符合《无公害食品　淡水养殖用水水质》（NY 5051—2001）或《渔业水质标准》（GB 11607—1989）的要求。具备独立的进、排水渠道，水、电、路三通，选择排灌方便、不受洪灾和旱灾影响的田块。

（3）面积：稻田大小不限，以方便管理为主，一般选取30~50亩作为一个养殖单元。稻田平整，同一田块高差不超过15 cm。养殖单元形状设计以东西向的长方形为宜，也可依据地形设定形状，有利于统一规划和建设，有较好的效费比。

2. 稻田改造　为实施“虾稻共生”模式而实施的稻田改造，包括稻田平整、虾沟开挖、田埂加固、进排水系统改造、防逃设施建设、机耕道路和辅助道路建设等内容。

（1）虾沟开挖：虾沟是指用于小龙虾活动、暂养、繁殖等用途而在稻田中开挖的水沟。在稻田田埂内侧四周，一般距田埂内侧 1 m 处开挖围沟，围沟宽 1.5~2.0 m，沟深 0.8~1.0 m，坡比 1∶1，环沟面积占稻田总面积 8%~10%；较大的田块（面积达到 50 亩以上的），中间开挖“十”字形田间沟，沟宽 1.0~1.5 m，沟深 0.6~0.8 m，沟占稻田面积 10%~20%。

（2）田埂加固：利用开挖虾沟的泥土加固、加高、加宽田埂。田埂加固时每加 1 层泥土都要进行夯实，以防渗水或坍塌。田埂应高出田面 1.0 ~ 1.2 m，顶部宽 0.6 ~ 1.0 m，坡比 1∶（1.5~2）。同时，在虾沟和大田之间垒一条高 0.3~0.4 m、宽 0.4~0.5 m 的内埂。

（3）进排水系统改造：进水口和排水口分别位于稻田两端，尽量对角设置。进水渠道建在稻田一端的田埂上，用 80 目尼龙长网袋包围进水口过滤进水，防止敌害生物随水流进入。在稻田另一端虾沟的最低处建设排水口，并安装 40 目尼龙过滤筛绢网以防止龙虾逆水或逐水流而外逃。进、排水渠道保持独立，排水方式可选择拔插式，采用高灌低排的格局，保证水灌得进、排得出；经常对进水渠道和排水渠道进行定期整修。

（4）防逃设施建设：稻田田埂上与进、排水口都应设防逃网。田埂上的防逃网在稻田的承包区四周铺设即可，田块之间并不需要单独设立。防逃网材料可选用 20 目的网片、厚塑料、石棉瓦、彩钢瓦等，在稻田四周用加厚塑料薄膜建设 60 cm 高的防逃设施，塑料膜每隔 1 m 用木桩固定，埋入田埂泥土中 10~15 cm，四角应建成弧形，防止龙虾沿夹角攀爬外逃。进、排水口的防逃网应为 60 目以上的长网袋。

（5）养殖单元外围田埂建设：利用开挖环沟的泥土加固、加高、加宽养殖单元外围田埂，田埂面宽度不小于2 m，高度高于田面1.1 m以上，坡比1∶1.5。无环沟的稻虾养殖田可在田内就近取土，将养殖单元四周田埂加高至0.6～0.8 m、加宽面宽至1 m。因取土造成的坑凼可在整田时整平。

（6）田内挡水埂建设：田内挡水埂高0.4 m、宽0.3 m。无环沟养殖模式不需要建设内埂。

3. 稻田准备

（1）清整与消毒：放养前30天需排干沟水暴晒虾沟，修整垮塌的沟壁。放虾前10天前后在虾沟内撒生石灰或用生石灰化浆泼洒，进行彻底消毒，杀灭敌害生物、野杂鱼类和致病菌；对于有留田亲虾的稻田，可使用茶粕消毒，用量在每亩20～25 kg。稻田进水之后，若发现有鱼苗与蛙类的受精卵，需及时捞去，清除干净，否则会危害幼虾。

（2）施肥：对于首次养虾的稻田，在大田和虾沟中每亩施畜禽粪肥300～500 kg，粪肥需经充分发酵，用旋耕机把有机肥旋耕到表层土中，埋入深度10～20 cm，施肥应在1月前完成；对于养虾一年以上的稻田，由于稻田中已存有大量稻草和小龙虾，腐烂后的稻草和小龙虾粪便为水草提供了足量的有机肥源，一般不需要施肥。

（3）注水：稻田完成施肥5～7天后即可注水。前期注水10～20 cm深，以利于水草种植和生长；后期随着水草的生长逐渐加高水位至40～70 cm。

4. 水草移植　稻田补充种植水草，水草经过植物光合作用可以生产释放出大量氧气，并吸收水中不断产生的二氧化碳、氨氮、残饵及部分有机分解物，使水体pH值保持在中性偏碱的范围内，增加水体透明度，起到稳定、净化水质作用，有利于小龙虾生长。

（1）水草品种选择：水草的品种有伊裸藻、菹草、轮叶黑藻等。环沟水面以移植水花生为主，环沟底部以种植轮叶黑藻为主，田面底部以种植伊裸藻、菹草为主。菹草一般在 11 月左右水稻收割进水后种植，伊裸藻在 11 月至翌年 4 月都可以种植。

（2）水草覆盖率：沉水性水草覆盖率为 40%～50%，浮性水草覆盖率为 10%，水草种植面积占虾沟面积的 20%～25%，以零星分布为佳，不应聚集在一起，从而使得虾沟内水流畅通。

（3）水草移植方法：水草种植方法为“分批次，先深后浅；虾沟密植，大田稀植；小段横植，平铺盖泥”，即一般分两次移栽，先栽虾沟，待虾沟内伊裸藻发力之后再加水淹没大田，栽种大田；冬季和翌年初春，气温在 5 ℃以上适宜移植伊裸藻。

5. 虾苗放养

（1）放养前准备：放苗前 10～15 天，每亩环沟用 30～50 kg 生石灰化水全沟均匀泼洒，种植水稻的田块每亩用 20 kg。放苗前施足底肥，环沟注水 50～80 cm 深，然后施肥培育饵料生物。为了保障虾苗进田后有充足的活饵，可在放种苗前 7 天每亩施腐熟有机肥 200 kg 左右，对稻田进行充分灌溉、培育稻田的菌藻，虾苗下塘后可采食水体中丰富的有益菌藻作为天然饵料，有利于促进虾苗的生长代谢，从而提高其成活率。苗种投放前 2～3 天，用专用解毒剂对稻田进行解毒，以降解稻田中的杀虫剂、农药、重金属残留及稻田消毒时水体中的残留毒素，可提高苗种成活率。

（2）苗种选择：苗种要求体质健壮，活力较强，体表光洁亮丽，附肢完整健全，无病无伤，耐旱能力强。尽量选择来源于苗种场、捕捞户、天然湖泊的亲虾和虾苗，几经转手的小龙虾不能购买。苗种投放一般应在晴天的早晨、傍晚或阴天进行，这时天气凉快，水温稳定，有利于放养的龙虾适应新的环境。同一田块放养规格要尽可能整齐，放养时一次放足。

（3）苗种运输：虾苗虾种一般采用干法运输，千万不能挤压和脱水，运输过程要保持湿润且不挤压，运输时间最好控制在3小时以内。运输工具为规格70 cm×40 cm×15 cm的塑料筐。将塑料筐底部铺好水草，喷淋水后再将挑选好的种虾或亲虾装入塑料筐内，每筐装重不超过4 kg，每15分钟淋水一次，以防脱水。

（4）放养密度：在每年春季的3月中下旬开始投放虾苗至4月上旬结束，一般每亩放养规格为2～4 cm的克氏原鳌虾苗15 000～20 000尾。在每年夏秋季的6～8月，投放经挑选的亲虾，让其自行繁殖，一般每亩放养规格为30～50 g/尾的种虾15～20 kg，雌雄比例3∶1。

（5）试水：小龙虾苗种在放养前要试水，经试水确认安全后，才可投放苗种。试水时将少量的小龙虾苗种放在盛有拟放养稻田水的容器中，待24小时虾不死，即可放养。

（6）缓苗处理：从外地购进的虾苗虾种，放养前应将虾种在田水内浸泡1分钟，提起搁置2～3分钟，再浸泡1分钟，如此反复2～3次，让虾种体表和鳃腔吸足水分后再消毒，以提高成活率。用田水浇淋虾苗2～3遍后，让其自行爬入田的浅水区，及时剔除活力不强、接近死亡的虾苗，防止水质受污染。

（7）消毒防应激：放苗前，用浓度为3%左右的食盐水对苗种进行浸洗消毒，浸洗消毒时间控制在5～8分钟。之后，让虾苗自行爬入环沟中。放苗后泼洒抗应激药物，以减轻虾苗、虾种应激反应，提高成活率。

6. 龙虾养殖管理

（1）越冬准备：越冬之前，要施一次腐熟的有机肥，每亩50～100 kg，以便进行肥水越冬。

（2）水位管理：按照"浅—深—浅—深"的办法，搞好水位管理。越冬期前的10～11月，大田控制在30～40 cm的浅水位；12月至翌年2月越冬期间，大田保持50～80 cm的深水位；3月至4月上旬水温回升时，保持水位为20～40 cm；4月中旬至

5 月底，保持水位至 40~70 cm；6 月以后则进入夏季，水位需增至 60~80 cm。

（3）投饲管理：小龙虾日投喂量以吃饱、吃完、不留残饵为原则，根据天气、水质、养殖密度以及小龙虾不同的生长阶段和生理时期进行调整。一般对于鲜活饲料，幼虾投喂量为 8%~10%，成虾投喂量为 6%~8%；对于配合饲料，幼虾投喂量为 4%~6%，成虾投喂量为 3%~5%；在实际养殖中，投喂量在投饵后 3 小时，检查饵料台上基本吃完略有剩余为宜。投饲应遵循“定时、定量、定质、定位”的“四定四看”原则，并定期在饲料中加入光合细菌、免疫多糖、多种维生素等物质，增强虾体质，减少疾病发生。一般每天投喂两次，上午 8 时左右，投喂量为日投饵量的 30%；下午 5 时左右，投喂量为日投饵量的 70%。秋末、冬初及初春，当水温低于 12 ℃时，主要依靠天然饵料生物，可不投人工饲料。翌年 3 月，当水温上升到 16 ℃以上再开始投喂。

（4）水质管理：虾田的水质条件要求水体透明度为 25~35 cm，水肥活爽，水色为淡绿色或褐色，pH 值 7.2~8.5，溶解氧大于 5 mg/L，氨氮小于 0.5 mg/L，亚硝酸盐小于 0.05 mg/L。溶氧是根本，严防晚上缺氧。

（5）水草管理：3 月以后，伊裸藻、轮叶黑藻会出现虫害（线虫、摇蚊幼虫等）、泥漫（原生动物）和烂根等问题。水草管理以生物防治、定期抑制和水草增强为三大处理思路，高温时把水调清凉，并且要及时割草头。

（6）日常管理：日常要勤做巡田工作，检查虾沟，发现异常及时采取对策。早上主要检查有无残饵，以便调整当天的投喂量；中午测定水温、pH 值以及氨氮、亚硝酸盐等有害物质，观察水质变化；傍晚或夜间主要观察与了解小龙虾摄食、活动与脱壳等情况，做好巡塘记录。

7. 水稻栽培管理

（1）水稻栽种：养虾稻田只种单季稻，水稻品种要选择株型中偏上，且抗虫害、抗逆性好、抗倒伏、适应性佳、生育期短、耐肥性优的大穗型高产稳产优质稻品种，按照正常的方法栽种。开展小龙虾繁殖的有环沟稻田应种植早中稻，以便实现提早育苗。一般在5月中下旬到6月中旬适时移栽，做到合理密植，每亩插13 000~15 000穴。

（2）烤田：虾稻共生的稻田宜轻烤，防止虾苗在烤田时脱水死亡。水位降低到田面露出即可，而且时间要短，发现小龙虾有异常反应时，则要立即注水。

（3）水位控制：水稻插秧的水位为2~3 cm；插秧后立即注水保返青，水位控制在4~6 cm，以不淹苗心为准；秧苗返青后让稻田水位自然落干至3 cm，以提高水温和泥温，促进分蘖；有效分蘖结束后排水烤田2~3天，当水稻叶色由浓绿转为黄绿色时应立即复水至5 cm，并保持浅水位；幼穗分化初期提高水位至15~30 cm，并保持该水位至水稻成熟期；水稻收割前7天将田中积水彻底排尽。

（4）施肥：施肥以基肥为主，以追肥为辅，追肥少量多次，严禁使用对小龙虾有害的化肥，如氨水和碳酸氢铵等。在小龙虾脱壳期不使用化肥和农药。分蘖肥少施或不施，每亩施0~5 kg尿素，施穗肥尿素10~15 kg，分2次施入，施肥时降低水位至田面无水层时施入，施入后第2天上水。

（5）水稻收割：水稻收割前7天将大田中积水彻底排尽，水稻收割后将秸秆粉碎还田，留茬30~40 cm高，注水10~20 cm后种植水草。

8. 病害防治

（1）清除敌害：虾稻共生敌害防控措施为“彻底除野，加水过滤，驱赶水鸟”，即龙虾苗种放养前用生石灰彻底除野，养殖时进水口要用 60 目以上网袋过滤进水，平时要注意清除水蛇、田鼠、青蛙、水鸟等田内敌害生物，特别是驱赶水鸟。

（2）药物使用：小龙虾对许多农药都很敏感，养虾的稻田在原则上是尽量不用农药，实在需要可以选择高效低毒的药物及生物制剂。在农田施药期间严禁其他田水流入养虾田，禁用有机磷和菊酯类农药。

（3）虾病防治：小龙虾抗病能力较强，一般很少发生暴发性疾病，要始终坚持“预防为主、治疗为辅”的原则，多采用物理、生物的方法防治，严格控制消毒类、水质改良类渔用药物的使用。病害防治以防为主，注重过程控制，防止暴发性疾病发生。在养殖期间，每 10 天交换使用生石灰、聚碘溶液、氯制剂等，做好水体消毒和水质调节；在养殖中后期，每 15 天用过硫酸氢钾对底质中的氨氮、亚硝酸盐和藻类毒素等有害物质进行降解。

9. 成虾捕捞和幼虾补投

（1）成虾捕捞：有环沟和无环沟养殖成虾捕捞时间从每年的 3 月开始，至种植水稻结束。第一茬捕捞时间从 4 月中旬开始，到 6 月上旬结束。第二茬捕捞时间从 8 月上旬开始，到 9 月底结束。捕捞工具主要是地笼，网眼规格应为 3.5 cm，捕大留小。捕捞时可采用网眼规格为 3.0 cm 的地笼，要求起捕龙虾规格在 30 g/尾以上，考虑到来年的龙虾养殖，可在每亩稻田中预留 20 kg 大规格龙虾作亲虾，用于自繁自养，提高小龙虾的成活率和降低生产成本，亲虾雌雄比为 3∶1。

（2）幼虾补投：第一茬捕捞完后，根据稻田存留幼虾情况，每亩补放 3~4 cm 幼虾 1 000~2 000 尾。

三、技术优势

稻虾综合种养模式集水稻种植和龙虾养殖于一体，提高了稻田利用效率和产出，其综合效益显著，主要体现在水稻产量和经济效益等方面。

稻虾综合种养与水稻单作投入成本相当，水稻增产 4.63%～14.01%，稻虾共作总产值可达 7.5 万～12 万元/hm^2。以江汉平原地区为例，稻虾综合种养模式下水稻平均产量为 7 171.00 kg/hm^2，商品虾平均产量为 1 600.60 kg/hm^2，虾苗平均产量为 897.40 kg/hm^2，稻虾综合种养模式平均总产值达 82 968.44 元/hm^2，平均总利润达 53 602.82元/hm^2，是单纯种稻平均利润的 6.6 倍。稻虾综合种养推迟会显著降低水稻产量，但由于捕捞期延长和小龙虾产量增加，综合效益较常规播期提高 0.7 万元/hm^2。

据统计，2019 年我国小龙虾产业总值为 4 110 亿元；第三产业占总产值比重超七成，达 2 960 亿元；养殖端和加工端产值占比较低。消费者对小龙虾、虾稻米的青睐使得稻虾产业方兴未艾，并且虾仁和虾壳提取物（虾青素、甲壳素和壳聚糖等）均是极具食疗和营养价值的产品。以湖北省潜江市为例，其在 2020 年年底建成年产值 220.0 亿元的甲壳素加工产业集群，“潜江龙虾”品牌综合产值和品牌价值分别达 520.0 亿元、227.9 亿元。在未来发展过程中，稻虾产业结构优化和升级是重中之重，逐步提高第一、第二产业的产值和比重，由依靠规模扩张带来的增长向提质增效转变。

四、面临的挑战

1. 入侵风险 小龙虾生长迅速、适应范围广且繁殖力强，通过捕食和竞争会显著降低引入地的生物多样性，加剧外来生物入侵风险和生态风险。小龙虾掘洞可能会导致河岸被侵蚀和不稳定性加剧，梯田中的小龙虾洞穴会造成田埂坍塌和水土流失，小龙虾活动也减少了引入地的无脊椎动物种群数量。

2. 种质退化和病害防治 随着养殖年限的增长，小龙虾种质退化的趋势会增强，产生小龙虾体质弱化、规格小和发病率高等问题，制约小龙虾品质与经济效益的提升。当前，“五月瘟”成为小龙虾健康养殖的一个大难点和障碍，其中白斑综合征病毒在小龙虾高密度养殖、体质较差或水质恶化等情况下容易造成小龙虾大量发病甚至死亡。从水草管护、秸秆处理、微生物制剂使用等方面入手对小龙虾稻田绿色养殖技术进行探索，可有效改善水质和增强小龙虾体质，显著降低小龙虾发病率，达到“预防为主、综合防治”的效果。

第三节　鱼菜共生养殖技术

鱼菜共生养殖技术是一种生态循环、绿色健康的综合养殖新技术。该技术是通过在鱼类养殖池塘水面种植蔬菜、中草药等喜水植物，利用蔬菜根系发达、生产时对氮磷需求高等特性，通过池塘原位生态修复，让鱼、植物、微生物三者之间协同共生，形成“鱼肥水—菜净水—水养鱼”的循环系统，使池塘保持一定生态平衡关系的植物净水技术，实现净水、增氧、抑病、节水、节电、节地，生产绿色蔬菜、增加渔民收入的目的，是践行生态养殖理念的典型代表，是现代农业的一种重要形式，也是一种渔农结合的创新型生产模式。

一、技术简介

鱼菜共生养殖技术是根据鱼类和植物生长的生理、营养、环境以及相关的理化知识等特点，通过科学的生态设计，将水产养殖和水培蔬菜两种不同的农业技术融合，可以充分利用土地资源，不仅具有提高水产品品质、卖菜增收、减少水电药成本投入等诸多优势，还能节约土地资源，实现养鱼少换水或不换水、种菜不施肥的资源循环利用的综合种养模式。鱼菜共生养殖技术可以看作规模化水产品养殖的全新升级，饲养相对密度非常大，可达到50～80 kg/m^3，能节约水电成本投入约30%，促进资源的极致化利用，最终实现以菜净水、以水养鱼、以鱼种菜。

鱼菜共生综合种养系统应用无土栽培技术，将适宜水生的植物移栽到水面或移植到可承受其重量的人工载体材料上，植物生长过程中通过强大的根系吸收水体中的氮、磷等营养物质，并通过收获植物体的形式将其移出水体，从而达到净化水质、修复水体、平衡水环境的作用。

氮是池塘中的主要营养物质，氮随饲料等有机物质进入养殖水体，通过两条途径转化：一是鱼类排泄物、投喂后未被摄食的饵料等残饵碎屑通过细菌分解，氧化反应生成氨基酸，继而经氨化作用产生酮酸；二是饵料经鱼类吞食、消化并在氨基酸的脱氨作用下生成氨，氨氮浓度超过1 mg/L时会对鱼类造成危害，对鱼类毒性很大。氨氮被需氧微生物氧化产生亚硝酸盐，此时的亚硝酸盐具有相当大的毒性。在另外一种好氧微生物的作用下，亚硝酸盐被进一步氧化成硝酸盐，硝酸盐是含氧水系中氮代谢的最后产物，对鱼类毒性最微。因此，另一路径是厌氧条件中的反硝化菌处理过程，硝酸盐是植物可利用的无机氮形式，反硝化菌将硝酸盐和亚硝酸盐复原生成一氧化二氮（N_2O），并以氮气（N_2）的形式向大气中释放。鱼菜共生系统是以鱼体的代谢废物作为植物生长的营养物质来源，经水栽植物的固氮作用，将氮结合到有机化合物中，以植物的同化吸收作用将氮代末点联结起来，产生了营养物质再循环的生态效应，既节约了用水成本，又可收获无污染的菜、鱼绿色产品。

鱼菜共生系统利用了鱼类、微生物和植物之间的共生关系，并提高了对水资源和营养物质的可持续利用，包括它们的循环利用（图2-2），在很大程度上减少了对营养物质输入和废物输出的需求。

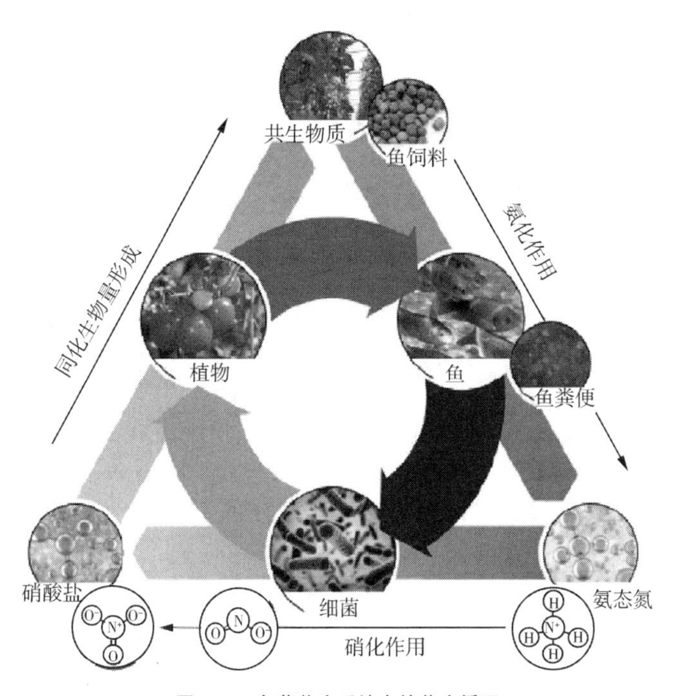

图 2-2　鱼菜共生系统中的共生循环

二、技术要点

（一）池塘养殖技术要点

1. 池塘建设　池塘以长方形东西向为佳（长宽比约为2.5∶1），面积以10~20亩为宜。鱼种池水深1.5 m左右，鱼苗池水深0.8~1.2 m。

2. 苗种放养　按池塘80∶20养殖模式进行主养品种、搭养品种的合理搭配放养，主养品种选择销路好、苗种来源稳定的优质鱼类，如草鱼、优质鲫鱼、团头鲂、斑点叉尾鮰、泥鳅等。苗种选择需满足来源一致、品种纯正、规格整齐、无伤病、体质健壮等条件。入塘前要对鱼种进行消毒，可采用食盐（浓度 2%～4%，浸洗5～10分钟）、漂白粉（浓度 10～20 g/m^3，浸洗 10 分钟左右）。

3. 饲料投喂 饲料投喂按照“四定四看”原则进行，并视水温、天气和鱼摄食情况合理调节投饲量与投喂次数。一般情况下每天投喂 3 次，上午 8～9 时、中午 12 时至下午 1 时、晚上 6～7 时各投喂一次。3 月之前，水温低于 18 ℃时，日投食量一般为体重的 1%～2%；4～6 月，18 ℃以上时日投喂量为 3%～5%；7～9 月为 5%～8%；10 月以后为 2%～3%，并根据水温逐渐减少投饲量，以 1 小时内吃完为宜。

4. 病害防治 在养殖中后期做好日常疾病的预防工作，根据养殖池塘底质、水质情况，每月使用环境改良保护剂 1～2 次，合理搭配和放养养殖品种，保持养殖水体正常微生物群体的生态平衡，有效预防暴发性传染性疾病的流行。

（二）蔬菜栽培技术要点

1. 浮床制作 使用 PVC 管（50～90 管）作为浮床材料，上下两层分别使用两种疏密度不同的聚乙烯网片，隔断草食性鱼类与控制茎叶的生长方向，管径和长度可以按照 2 m×4 m 和 4 m×4 m两种规格制作，用粘胶和 PVC 管弯头使其首尾相连接，按照移动、制作、清理、收割方便的原则，形成密闭且具有一定浮力的框架，综合考虑浮力、成本、浮床牢固性等方面，以 75 管为最佳。此种制作方法适合于任何养鱼池塘，成功解决了杂食性、草食性鱼类与蔬菜共生的问题。竹子浮床应选用直径在 5 cm 以上的竹子制作，管径和长短依照浮床的大小而定，将竹管两端锯成槽状，首尾相连，上下相互卡在一起，用不易锈蚀材料如聚乙烯绳索固定。具体形状可根据池塘条件、材料性质、操作方便灵活而定。

2. 蔬菜选择 栽培蔬菜种类应该选择处理能力强、根系发达的瓜果类植株，此类植株根系发达、吸收表面积庞大，易于进行水质的净化处理。养殖户可以根据生产和市场需要合理选择合适的种类，一般夏季种植绿叶菜类如空心菜等，藤蔓类蔬菜如丝瓜、苦瓜等；冬季种植生菜等蔬菜。5~9 月是我国池塘养殖鱼类的主要生长旺季，水温在 22~30 ℃，生长速度快，代谢旺盛，每天消耗大量的饲料，产生较多的粪便，粪便和残饵经过一系列氨化分解反应转化为水体的氨氮，这也是造成水体富营养化的主要因素。而通过植物的固氮作用，可以将水体中的氨氮转化为无毒硝酸盐和氮气，以达到净水的目的。空心菜的生长旺季与鱼类同期，且生长迅速，喜肥喜水，尤其是对氮肥需求量特别大，池塘富营养化环境为其提供了优越的生长环境。空心菜的快速生长，正好解决了夏季池塘水体富营养化的问题，达到净水的目的，又可以增加收入、减少水质改良投入，一举多得，是池塘鱼菜共生的理想种植品种。

3. 种植面积 在水深 1.2 m 以上、亩产鱼 800 kg 以上的池塘栽种占池塘面积 15%~20%的蔬菜，能取得较好的效果。蔬菜种植的比例应根据池塘水质的肥瘦、水体的大小、养殖鱼类的多少进行合理确定。

4. 蔬菜栽培 蔬菜主要采用移植的方式栽种，如 PVC 标准浮床可采用扦插栽培、种苗泥团移植和营养钵移植等方法进行池塘蔬菜无土种植。扦插栽培指直接将空心菜种苗按 20~30 cm 株距插入下层较密网目，固定即可。营养钵移植主要是将蔬菜种苗植入花草培育钵，在钵内置入泥土（塘泥），按 20~30 cm 株距放入浮床。泥团移植主要是指将蔬菜种苗植入做好的小泥团（塘泥即可）中，按 20~30 cm 株距放入浮床。种苗泥团移植和营养钵移植采用营养底泥作为肥料，成活率较高。

5. 池塘水质 由于夏季池塘养殖鱼类生长迅速，粪便残饵经过一系列氨化分解反应生成水体的氨氮和其他营养废弃物，营养物质浓度升高，藻类与浮游动物大量繁殖，造成池塘底泥富积，气味发臭，耗氧增加，水质过肥，水色发黑或变绿，养殖鱼类病害多发。

池塘种植蔬菜就是通过消耗水体有效氮而达到净水的目的，较肥的池塘更适合开展水上蔬菜种植，水质越肥，种植蔬菜比例越高。可以通过底泥深度、水色、气味和养殖年限来确定养殖池塘是否适合种植蔬菜，一般精养池塘养殖 3 年以上，水质较肥，水色黄褐、褐绿、油绿、黄绿色的池塘适合开展蔬菜种植。

6. 蔬菜收割 对于空心菜等蔬菜采摘，当株高达 25~30 cm 时即可采收，采收周期根据菜的生长期而定，一般 10~15 天采收一次，其他蔬菜根据生长状况适时采收。采收时候应下水人工操作，人员应穿水裤。划船下水采收费时费力，且天气炎热时操作人员容易中暑。有条件的可使用游乐船划动采收，但是投入成本较大，且不易管理。

三、应用模式

1. 原池漂浮 原池漂浮法作为当前国内鱼菜共生应用面积最广的模式，常见的鱼菜共生系统就是用泡沫板、竹架等载体，直接把蔬菜苗固定在漂浮板上进行水培，蔬菜种植面积 30% 左右。此种方法最为简单，投资小，但氮和磷的吸收不够彻底，利用效率不高，鱼类与蔬菜种植密度不大，效益不突出；当放养杂食性鱼类时，还应对根系进行围网保护，操作较烦琐。

2. 异位硝化过滤 此模式将养殖系统和种植系统独立，以硝化系统进行连接过滤。养殖尾水经过滤之后进入硝化系统，硝化系统内接种培养能够分解氮、磷及有机质的微生物，经硝化系统处理后，尾水分解为能被蔬菜吸收的游离营养形态进入蔬菜种植区，以喷雾形式或循环水供蔬菜利用，蔬菜吸收之后又再次进入养殖池，从而形成闭合循环。

3. 异位分离滴灌法　此种模式是将养殖水体和植物栽培基质（如陶粒、石砾等）灌溉系统连接，养殖尾水以滴灌模式循环到栽培基质，经过滤收集后再返回养殖水体。此种模式比较简单，要求基质过滤性能好，否则易出现排水不畅、堵塞等现象，使生态平衡遭到破坏从而影响生产。

四、面临的挑战

1. 投资较大　鱼菜共生系统的初始投资金额较大，给普通农民造成了较大的经济压力，并且在大规模的投入资金之后，在短期内并不会立刻就见到回报。

2. 技术难度大　鱼菜共生系统不使用农药和肥料，不存在杂草和害虫，是一个闭环的生产系统，它的良好运转主要是依赖于系统内的鱼、蔬菜、微生物三者之间的平衡。要想实现这个目标，就要求鱼菜共生系统的操作者具备相关专业知识，对生物学和动植物学有一定的了解。

3. 风险较高　自系统开始循环之后，存在一个最大的风险就是系统的不确定性，因为整个系统是一个整体，各个部分相互影响，所以只要其中任何一个环节出现问题，都会引起整个系统的瘫痪甚至崩溃，进而导致毁灭性后果。因此，想要鱼菜共生系统运转良好，必须具备完善的日常管理制度，出现问题要及时发现，尽量把损失降到最低。

第三章　循环水养殖技术

我国水产行业发展空间巨大，但是传统养殖模式是资源密集型产业，产量的提高往往依赖于较高的养殖密度和较多的投入品。受自然环境资源限制，高密度、高投入的传统养殖模式面临着资源利用效率较低、养殖环境恶化、病害频发、水产品品质下降等诸多问题，严重制约了我国水产养殖产业的健康、可持续发展。随着我国水产养殖尾水排放强制性标准的相继出台，如何促进传统池塘养殖模式顺利转型升级愈发重要。

循环水养殖技术是通过采用科学有效的养殖模式，使传统的大规模养殖向资源节约、环境友好的模式发展，通过生态有效的管理措施，实现养殖尾水的资源化循环利用，达到节水、节地、低碳、减排的目的，为将来水产养殖生产退出公共水域，提供了可靠的保证。

第一节　工厂化循环水养殖技术

工厂化循环水养殖是按工艺过程的连续性和流水性的原则，通过机械或自动化设备对养殖水体进行水质和水温的控制，保持最适宜于鱼类生长和发育的生态条件，使鱼类繁殖、苗种培育、商品鱼养殖等各个环节能相互衔接从而形成一个独立的生产体系，以进行无季节性的连续生产，达到高效率、高速度的养殖目的。该技术有以下特点：一是建造地点更加灵活。传统的水产养殖模式需要建造在靠近水源，远离市场的地方；而工厂化水产养殖因对水资源的利用率高，可建造在水资源不丰富且靠近水产品市场的地方，这有利于降低水产品流通环节的费用。二是占地少，对土地资源的要求低。三是养殖密度高，单位产量耗水量小。四是易于控制生长环境，鱼类（以及其他养殖种类）生长速度快，生长周期短。五是饲料利用率高，可减少污染物的排放。六是水循环使用，利用系数高。七是排放的废水废物少，能集中处理，对环境无压力或很小。八是不受外界气候的影响，可实现常年生产。

工厂化循环水养殖系统是以工业化手段主动控制水环境，水资源消耗小、占地少、对环境污染小、产品优质安全、病害少、密度高、养殖生产不受地域或气候的限制和影响、资源利用率高，是高投入、高产出、低风险实现水产养殖业可持续发展的重要途径，对革新水产养殖模式、保护环境都具有重要的现实和历史意义。

一、技术要点

（1）养殖废水集中进入回流管道，通过转鼓式筛网过滤机机械粗滤，除去粪便、残饵及较大的悬浮颗粒。智能型转鼓式微滤机，对 60 μm 以上悬浮颗粒物的去除效率达 80%以上，每处理 100 t 水耗电小于 0.3 kW · h。设备不仅提高了水处理能力，而且降低了运行能耗，与现有设备相比，去除率提高 20%，耗电节省 45%以上。

（2）经过沙滤器、活性炭过滤器、沸石过滤器等细滤，去除细小的悬浮颗粒物。

（3）通过蛋白分离器使用泡沫分离技术去除水中的蛋白质

等溶解性有机物。

（4）经过生物滤池，利用生物包中的光合细菌、硝化细菌等益生菌分解废水中的氨态氮，从而变成不含杂质的净水。导流式移动床生物滤器氨氮去除率达到了25%，水质净化效果良好。

（5）净水经过臭氧或紫外线发生装置杀菌，再经过增氧设施及热泵调温，最终成为洁净、无菌、富氧的新水，重新进入养殖系统，如此循环。

二、工艺设备

工厂化循环水养殖系统的典型工艺和设备是以物理过滤结合生物过滤为主体，对养殖水体进行深度净化，并集成了水质自动监控系统，实时监测并调控养殖水体质量且可追溯。该系统具有工艺技术完善、水处理效果好、水质状况稳定、生产操作舒适、设备维护简便、运行成本低、系统投资节省等优点。

养殖尾水自流进入微滤机池，去除残饵和鱼粪等颗粒直径大于60 μm的固体悬浮物质，经水泵提升进入生物滤器，一方面截流微小的颗粒悬浮物，另一方面对水体中的氨氮进行降解，净化后的水自流回鱼池。

工艺设备主要有以下类型：

1. 高精度转鼓式微滤机　该设备是循环水养殖中常用的物理过滤设备，用以去除水中的固体悬浮物，以降低生物过滤的负荷，提高系统水处理能力。

2. 高效生物过滤装置　生物过滤是水处理的关键技术环节，通过硝化细菌、亚硝化细菌的硝化反应将水中的氨氮和亚硝酸盐转化为硝酸盐，消除对鱼类的毒害作用，保证养殖生产的进行。该设备可高效进行生物过滤。

3. 养殖水质自动监控系统　国内外先进的工厂化循环水养殖系统均采用养殖水质自动监控系统来进行系统的自动运行控

制，最大限度地确保了系统运行平稳，并大大降低了劳动力成本。监控系统的原理是采用多参数水质在线自动检测系统对系统循环水水体进行实时监测，水质参数通过计算机保存处理后一方面进行直观的曲线和图表显示，以供分析研究和养殖管理；另一方面与设定参数进行比较判断后输出指令信号给电气自动控制系统，对相关水处理设备进行调节控制，从而保证了系统内水质良好稳定。

三、关键养殖技术

1. 养殖品种的选择　工厂化水产养殖是一种高投入的养殖模式，相对来讲投资风险较大。在选择养殖品种时要以经济效益为中心，全面考虑下述几个方面的问题。

（1）要实现养殖生产的高效益首先要选择名贵、市场价格高的品种，使养殖高成本得到高的效益，获得较高的投资回报。一般商品价格应不低于 25 元/kg。

（2）选择养殖名贵鱼类中技术要求较高、一般条件不能养殖的品种，以获得较高的附加值。

（3）利用水质可控的条件，养殖名贵品种的亲鱼，调整繁殖季节，进行季节空档的苗种生产。

（4）进行冬季的苗种阶段养殖，缩短商品鱼生产周期。

2. 养殖密度　先进的养殖系统，应根据所设计的各个部分的设备和设施进行配套调整，充分利用设施和设备，使养殖密度达到其最大的生产能力。养殖密度和生产规模是最主要的设计参数，因此要根据实际情况充分调研，查阅同类养殖品种的资料，确定合理的养殖密度。养殖密度的调整和系统的水体循环量、增氧效率、饲料种类、投饵量、悬浮物处理能力、氨氮处理效率、养殖鱼类的种类等因素相关。要全面考虑，精心设计，达到养殖密度大、鱼类生长快、设备利用率高的设计要求。设计养殖密度时：一是根据确定的养殖品种和生长最佳的条件，确定养殖的最大密度。二是根据饵料系数、投饵量和代谢排泄量，计算养殖载荷，进而确定养殖密度。三是根据系统增氧方式的不同来确定养殖密度。在利用空气增氧的条件下，养殖密度一般不高于 40 kg/m^3，在利用纯氧增氧的条件下，养殖密度一般不高于 100 kg/m^3。四是养殖密度应与系统处理能力配套，以降低成本。五是养殖密度应考虑养殖过程系统载荷的均衡性和系统处理能力的充分发挥，养殖初期为低载荷，后期为超载荷。养殖后期的超负荷可考虑采用增加循环量和换水量的办法解决。

3. 饵料要求及投饵

（1）饵料要求：工厂化水产养殖饲料营养要求比池塘养殖要高很多，要考虑循环使用水体中微量元素的缺乏因素及循环使用水体的处理负荷。要从以下几个方面考虑饲料的使用问题：一是根据养殖鱼类的需要，使用正规鱼类颗粒饲料厂生产的工厂化养殖的高效专用颗粒饲料，不能投喂自制饲料；二是饲料形状应该完整，循环流水养殖中的任何不适口碎料都将被水流冲走，成为水质的污染源，增加水处理的负担；三是饵料系数一般应在 1~1.2，减少鱼类排泄带来的水处理问题；四是定期检查鱼类生长情况，根据养殖环境和鱼体情况，适时调整饲料种类和规格；五是要使用生产 3 个月以内的新鲜饲料，尽量减少饲料变质带来的营养疾病，任何变质饲料绝对不能用于工厂化养殖生产。

（2）投饵：工厂化养殖中的养殖条件应调整到鱼类最佳的生长环境，按照鱼类不同阶段的最佳生长速度投饵，可以达到最快生长的目的。投饵时间应遵循多次投喂、每次少量的原则，以均衡系统处理设备的各种负荷。根据在养殖过程中水温和鱼体重的情况，确定生长需求投饵量。

4. 悬浮物处理　工厂化水产养殖中的悬浮物主要由饵料造成。在饲料系数为 0.9~1.0 时，鱼体每增重 1 kg 就会产生 150~

200 g悬浮物。因此，作为循环使用的养殖水体，悬浮物在水中的积累是非常迅速的。养殖水体中的悬浮物的积累，使水体混浊，影响养殖鱼类鳃体的过滤和皮肤的呼吸，增加对鱼类的胁迫压力，恶化水质，消耗水中的溶解氧。工厂化水产养殖过程中及时清除养殖水体中的悬浮物是非常必要的。可采用以下处理方法：

（1）固定式过滤床过滤：该设备一般由鹅卵石、粗沙和细沙三层过滤层组成，根据工作水流的不同可分为喷水式滤床和压力式滤床。该设备是一种比较原始的设备，具有过滤效果好的优点，可过滤90%左右的悬浮物，其应用难度在于设备庞大、效率低、反冲困难。

（2）滤网过滤：主要是用细筛网进行悬浮物的过滤，其中液力驱动旋转式过滤转筒是一项新技术，用网目为60 μm的筛网，可过滤36%~67%的悬浮物。

（3）浮式滤床过滤：该设备应用比水相对密度小的塑料球作为过滤介质，浮球直径为3 mm左右，可过滤100%的30 μm以上悬浮物颗粒及79%的30 μm以下悬浮物颗粒，从而获得很好的过滤效果。但是，养殖水体中的悬浮物具有结块的特性，为了防止反冲时堵塞和实现较好的过流量，需要频繁地反冲。为了改善其应用效果，必须进一步研究防止堵塞的结构和方法。

（4）自然沉淀处理：应用鱼池特殊结构或沉淀池，使悬浮物沉淀、集聚并不断排出，设计良好的沉淀池可去除59%~90%的悬浮物。自然沉淀虽然具有较好的效果，但是由于低流速限制了循环的流量，会降低养殖密度和养殖效率。

（5）气泡浮选处理：原理是通过气泡发生器持续不断地在水中释放气泡，使气泡形成像筛网一样的过滤屏障，并利用气泡表面的张力吸附水中的悬浮物。气泡发生器产生微小气泡，可有效去除水产养殖水体中的悬浮物。

5. 水质调控 工厂化养殖的自动监测与控制系统是封闭循环式工厂化水产养殖的保证条件。由于养殖密度大，水质变化快，水质控制不好容易引起事故的发生，造成生产损失。自动监测和控制参数主要包括水位、水温、溶解氧、浊度、盐度、pH值、电导率、氨氮和硝酸盐等，通过监测和控制这些参数，把水质控制在养殖要求的范围内。

（1）温度控制：在升高或降低温度的过程中，要集中升降温度，严禁在养殖容器内临时设置升降温度设备。

（2）溶解氧控制：在使用臭氧消毒设备的系统中，要避免臭氧溶解对溶解氧控制的影响。

（3）pH 值的控制：在工厂化水产养殖系统中，由于鱼类代谢产生的大量氨氮为硝化细菌提供了良好的生存条件，使得整个系统的管路、设施包括养殖池表面都产生了生物膜。硝化细菌的生长过程中，在消耗氨氮的同时，也产生酸性物质，从而降低了水体的碱度。特别是在有生物处理设备的条件下，pH 值的降低就更加明显。在充分曝气的条件下，可按投食率的 17%~20% 均匀添加碳酸氢钠和氢氧化钠的办法调节。也可采用在水中释放适量臭氧的办法，利用臭氧杀死系统各个部分附着的生物，避免微生物的硝化作用。一般臭氧含量在 0.1 mg/L 时就可以有效杀灭微生物。

（4）二氧化碳控制：为避免二氧化碳在养殖水体中积累，循环过程要及时清除水体中的二氧化碳，并适时检测二氧化碳的含量，调整处理设备。

（5）亚硝酸盐控制：亚硝酸盐是氨氮向硝酸盐转化的中间产物，亚硝酸盐超标主要是由于生物处理过程中的硝化细菌繁殖条件受到限制、群体减少所致。要检查生物处理过程的过流情况，有没有结块、局部堵塞，检查温度、pH 值和溶解氧是否在所要求的范围内，及时处理出现的各种不正常情况。

6. 疾病预防 工厂化水产养殖中疾病预防是非常重要的，要尽量减少疾病发生，避免造成全军覆没的损失，主要采取以下措施：

（1）要选择健康、没有疾病历史的鱼放入养殖池。

（2）在入池之前要进行消毒处理。

（3）在处理系统设置消毒杀菌设备。

（4）在养殖过程中注意环境变化对鱼类的胁迫压力，包括各种水质的干扰波动、水温的变化等。胁迫压力大，将使鱼类的抗疾病能力降低。

7. 系统管理 整个系统的管理是一项复杂的工作，要保证系统各个部分的正常运转，重点是监测系统水质的变化情况。系统管理应该注意以下问题：

（1）要有备用电源或备用氧气罐，以便停电时能够及时补充水体溶解氧。溶解氧是系统停止运转时保证鱼类生命的主要因子，也是生物处理设备保持再运转的基本条件。一旦停止循环和供氧，鱼类在15~20分钟就会出现缺氧死亡；同时生物膜也会因缺氧出现细菌的死亡而脱落，重新挂膜需要15~35天的时间，会打乱整个生产计划。

（2）要经常检查养殖池水位是否固定不变，如有减少应检查管路是否被污物堵塞，水体交换量的减少同样会引起缺氧。

（3）要在水体中加入一定量的氯化钠，保持氯化钠含量在0.02%~0.2%范围内，缓解亚硝酸盐的毒性和渗透压力。

（4）注意养殖鱼类产生的拖尾现象，在循环式养殖中，这种现象是普遍存在的。一般情况下，在鱼类上市之前换上新水，降低温度，停喂几天到几星期就可以消除。

（5）在一轮生产结束，重新开始新一轮养殖前，要检修各种设备和管路，对系统进行全面清理和消毒。

（6）要注意养殖鱼类的分级饲养，一般20~30天要进行一次分级，把规格大小基本一致的鱼放入同池养殖。

四、注意事项

(1) 必须保持电力供给，保障增氧系统正常运行。

(2) 日常值班要定时巡池，注意观察养殖个体活动情况，特别要了解它们的摄食情况，确定日投饵量，根据摄食情况及时调整。

(3) 及时捞除死亡个体、杂物等，发现有病个体应立即检查病因并及时治疗，如见异常活动个体查出原因后及时采取相应应对措施。定期检查沙滤器、活性炭过滤器、沸石过滤器等细滤设施，去除细小的悬浮颗粒物。

(4) 要注意观测水质情况，可以从养殖池水的变化判断养殖鱼的健康状况，提前采取预防措施。

(5) 为了提高养殖系统的运行效率，应选择大规格鱼种进行养殖。

(6) 集中区养殖密度大，应适当调整摄食节律，延长投喂时间或增加投喂次数，建议每天投喂 3~4 次。

(7) 做好日常各项记录工作，记录当天水质、气候、投饵、消毒、防病治病用药及其他各项情况。

第二节　池塘工程化循环水养殖技术

池塘工程化循环水养殖技术是对传统池塘养殖模式的根本变革，是将池塘传统的“开放式散养”革新为池塘生态流水“生态式圈养”的模式。

传统池塘养殖是以“进水渠+养殖池塘+排水渠”或“进、排水渠+养殖池塘”的形式为主，其本质上是“资源—产品—废弃物”的开放型物质流动模式，生产的产品越多，消耗的资源和产生的废弃物就越多，对环境资源的负面影响也就越大。

池塘工程化循环水养殖则是在“资源消费—产品—再生资源”循环型物质流动模式理念指导下，以尽可能小的资源消耗和环境成本，获得尽可能大的经济和生态效益，使经济系统与自然生态系统的物质循环过程相互和谐，促进资源长久利用。

一、技术要点

1. 池塘的选择　选择面积为20~50亩的池塘作为一个标准池，塘口东西向，长方形，长宽比接近2∶1，平均水深2.5 m左右，水源稳定、水质好，符合《渔业水质标准》（GB 11067—1989），有独立的进、排水渠道，交通相对便利，池塘周边无工业污染源。

2. 养殖设施建设

（1）拦水坝的建设：在池塘纵向中部建设一条挡水墙（土坝或砖墙），在挡水墙两端，一端留有宽15.0 m左右过水口，另一端建设养殖槽。

（2）养殖槽与外塘的建设：布局一口大塘可建一组4~5个养殖槽，养殖槽总面积一般占大塘面积的2%~2.5%，养殖槽墙体与水平面呈90°，墙体底部圈梁要稳固，墙体要有构造柱，要选用优质钢筋、水泥等建材，确保墙体坚固，墙体及底面需光滑平整。流水池中的池壁预留3道沟槽，便于插放拦鱼网。流水池的规格为22.0 m×5.0 m×2.5 m。吸污区规格为（3~6）m×5 m×（2~2.5）m。在流水池的上游安装气提式增氧推水设备，下游建鱼类排泄物沉淀收集池并安装吸污设备。

配套设施为推水系统每槽1套，功率2.2 kW；增氧系统每3槽1套，功率3 kW；吸污系统每3槽1套，功率3 kW。

3. 设备安装　提水增氧推水机由鼓风机、曝气盘等设备组成，是整个系统的心脏部分。粪便收集装置由吸粪嘴、吸污泵、移动轨道、排污槽、自动控制装置及电路系统等组成。急用底层增氧装置由微孔增氧管、输氧管和鼓风机组成，生产中也可以用氧气瓶代替。微孔增氧设备安装在每个流水池的两侧底部，每隔 2.0 m 安装一个长约 2.0 m 的“T”形微孔增氧管，于池底预留的沟槽内。

安装养殖管理水体溶解氧预警预报在线系统，配置纯氧增氧系统，当溶解氧低于 5.0 mg/L 时，电磁阀自行启动，实现在线控制水体溶氧量。

根据提升瘦身鱼养殖品质所需条件（水体透明度在 35 cm 以上，氨态氮低于0.5 mg/L，亚硝酸氮低于0.1 mg/L，换水量3 倍以上），设计“U”形过滤通道，采用生态基及微电材料，以生物、物理方法，突破限制养殖产品品质提升的水体控制方式，建立瘦身养殖技术工艺。

4. 注意事项

（1）流水池需安装 3 道拦鱼栅。拦鱼栅建议用不锈钢材质的网片，网目大小依据养殖品种规格而定。

（2）发电机（备用电源）为三相四线 20 kW 发电机，由专业人员指导选择备用电源，最好设计为自动启动。

（3）流水池进出口防护网建议安装于推水池前 5.0~10.0 m 处。

（4）物联网设备包括传感设备、传输设备、智能处理设备。可根据具体情况选择安装与否，但至少预留传输管线。

（5）以上设备设施安装均需在干塘的情况下进行。

二、关键养殖技术

1. 鱼苗投放前的准备工作

（1）检查设备：检查推水系统、增氧系统和吸污系统运行是否正常；检查拦鱼栅是否牢固、到位，并填写好设备安全检查表格（包括检查时间、检查项目、运行情况、整改项目和检查人等信息）。

（2）加装防撞网：放苗后的前15天是各品种鱼苗在流水环境下养殖的训练和适应期，容易在推水系统前端发生顶水和撞网现象，造成鱼体损伤，因此必须加装防撞网。防撞网的网材选用普通涤纶网（叉尾鮰、黄颡鱼用胶丝网），网目视鱼苗规格而定，比拦鱼栅网目小，主要起到减缓冲撞作用，但满15天后要拆除。

（3）调整好推水系统的水流速：从鱼苗下槽后的第一天开始，流速逐渐加快。但总体来说，鱼苗期的流速都不能太快，以后随着水槽鱼密度的增大而加快流速。

2. 苗种投放

（1）投放前的准备：基建和设备全部完工后，全塘用生石灰按50 kg/亩消毒，杀灭各种野杂鱼和寄生虫、卵，培养好水质。按照循环水体及该养殖技术特点选择适宜品种，如草鱼、鲫鱼、鲤鱼、斑点叉尾鮰及加州鲈鱼等，不同品种的投放规格及密度见表3-1。

表3-1　单槽放养品种、规格和密度

品种	投放规格/（g/尾）	投放尾数/尾	商品鱼规格/kg	计划产量/kg
草鱼	200~250	15 000	2~3	30 000
鲫鱼	25-30	50 000	0.3	12 000
鲤鱼	25	30 000	1~1.2	30 000
斑点叉尾鮰	50	15 000~20 000	1.5~1.8	25 000
加州鲈鱼	50	20 000	0.6	7 000

（2）鱼种要求：鱼体健康、体质健壮、规格整齐、游动活泼。

（3）投放时间：每年3~4月，鱼种下塘前，要用聚维酮碘溶液或高锰酸钾等浸洗消毒3~5分钟再下塘。

3. 科学饲养 建议选择适合的符合国家标准的膨化饲料使用，鱼种下池后进行为期7天的投饵驯化，每天定时定点敲声音刺激鱼摄食。驯化后，坚持“四定”投饵法，即定时、定质、定量、定位。尽量兼顾好小规格的鱼。由于循环水养殖氧气充足，每天可以投喂3~4次饲料，投喂点设在水槽的进水端。控制鱼儿吃“八成饱”，每天鱼苗的投喂量控制在体重的5%，成鱼的投喂总量控制在体重的2%~2.5%，这样既能降低成本，又利于鱼的健康生长。

4. 日常管理

（1）水质调节：水质调节15~20天一次，主要在外塘区，每亩用20 kg生石灰采取“十字消毒法”来调节水质酸碱度，杀菌消毒。白天外塘水体中溶氧高，开动推水设备有利于槽内外水体溶氧交换。晚上外塘水体溶氧低，如果开动推水，反而会降低槽内水体的溶氧。一般采用早8时至晚7时开动推水、晚8时至第二天早7时开动底增氧。遇夏季高温，观察池水深度下降幅度，要及时加注新水，保证稳定的池塘水位线。养殖槽水要确保24小时处于增氧和循环流动状态，流速以槽内4~6分钟换水1次为宜。

（2）粪污收集：用自动粪便收集装置对粪便和废弃物回收与利用，可大大减少对水体的污染，每天要定时收集2~4次粪便，鱼的排粪主要集中在喂料后1.5~2小时内，在这个时间段内可以开动吸污机进行吸污，把粪污吸到沉淀池里，错过这个时间段，粪便就会溶解在水中并进行发酵分解。一般喂料一次就吸污一次。收集粪便的同时观察外塘的水质，若水质过肥或成鱼规格渐大，应缩短收集间隔时间，增加收集次数。收集的鱼粪及废弃物可作为农作物或果蔬的有机肥。为了确保鱼的粪便在吸污区内正常沉淀和吸出，必须保证吸污区内没有进入野杂鱼。

（3）分槽：有些品种养了一段时间后会出现规格不齐现象，这时必须及时分槽、分规格饲养。尤其是养殖斑点叉尾鮰、加州鲈、大口鲇等，及时分槽有利于养殖管理和成活率的提高。分槽前必须做好停料 1 天的准备工作。

（4）病害防治：此养殖技术水环境较好，溶氧量较高，较一般养殖模式鱼病相对较少，鱼病以防为主。

如果在春季放苗，鱼苗下槽后的 1～7 天，每天消毒一次，同时用大蒜素拌料投喂，预防水霉病。如果在高温季节放苗，可选用二氧化氯等消毒剂消毒。

注意观察鱼的活动情况，发现有活动不正常、受伤严重的鱼和死鱼要及时捞起并进行无害化处理，做好记录。

发生寄生虫病或者细菌性疾病时，采取先杀虫、后消毒的方法。首先选定好杀虫和消毒药物，计算好单槽用药量。消毒时要把推水系统关停，开动底增氧，然后再把药物泼洒到槽内，保持 2～4 小时的杀虫或者消毒时长，再开动推水系统。连续消毒 3～5 天，同时结合消炎药物拌料投喂 5～7 天进行治疗。每月定期对外塘进行消毒，严禁使用高毒、高残留或具有“三致”（致癌、致畸、致突变）的渔药。此外，还应做好秋季鱼病预防工作，使用杀虫药给鱼杀虫一次，再用消毒药物给水体及鱼体消毒一次，使冬季鱼种顺利过冬。需注意，拉网起捕前要停食 3 天。

三、外塘净化区的水质管控

1. 投放滤食性鱼类　如鲢鱼、鳙鱼等，根据不同的情况确定放养比例。

2. 建造生物浮床　按照每亩水域建造生物浮床 100 m^2，并栽种空心菜、水芹菜等水生植物。

3. 外塘推水 根据鱼塘的实际情况，在外塘安装一定数量的推水设备，使外塘与槽内实现水体大循环。

四、注意事项

(1) 必须保持电力供给，保障增氧系统正常运行；定期检查气-水混合定向流推水高效增氧设备中曝气管出气情况，密切关注推水增氧系统的正常运行，由于养殖槽内鱼类高度密集，一旦停机缺氧，后果十分严重。

(2) 为了提高养殖系统的运行效率，应选择大规格鱼种进行养殖；集中区养殖密度大，应适当调整摄食节律，延长投喂时间或增加投喂次数，如养殖草鱼，建议每天投喂 4 次。

(3) 定期检查水槽两侧防逃网是否破损；集污区内不能有任何鱼的活动，否则集污能力会下降。

(4) 塘内除投放滤食性鱼类外，不养殖吃食性鱼类。

(5) 在大塘四边应定向安装推水增氧设备，保证池塘水质稳定和溶氧丰富。

第四章　大水面生态渔业技术

大水面一般是指内陆水域中面积大于5 000亩的湖泊、水库、江河、河道、低洼塌陷地等，不包括人工开挖的池塘和建造的养殖槽等。大水面养殖是指利用大水面来进行水产品养殖的一种方式，包括湖泊、水库、河沟养殖等。过去比较常用的大水面养殖模式就是粗放式饲养，依靠水体中的自然营养物质作为饲养的基础，因此产能一直得不到提升，还经常因为自然环境的影响出现产量下降的情况。经过多年的发展，网箱、围网等集约化的饲喂模式逐渐被应用到大水面渔业领域。

近年来，由于生态环境问题，大水面养殖的经济效益整体出现走低的发展趋势，依靠提升产量来提高经济效益比较困难。大水面养殖模式，严格限定了饲养类型、搭配组合等影响鱼类质量的因素，不但对养殖主体的要求较高，养殖水域必须水质干净、无污染、无恶性入侵生物等，同时因为既要追求数量又要追求质量，各项科学配比的要求也比较严格，从业者必须有较好的技术。在提高鱼类产能的同时，还需要注意水体自身的容量情况，要在限制范围内进行饲养，以保护环境，提高鱼类品质。目前，国内有一些地区通过发展特色、有机、绿色等大水面渔业养殖的方式，获得了比较好的收益。

第一节 大水面生态渔业概述

大水面生态渔业是指根据生态系统健康和渔业发展需要，通过在湖泊、水库等内陆水体中开展渔业生产调控活动，促进水域生态、生产和生活协调发展的产业方式。大水面生态渔业的内涵是生物资源的保护与利用、生态环境的改善与修复、生产功能的服务与产出和生态系统的平衡与稳定。

一、大水面渔业的发展现状

我国大水面渔业是随着水利工程建设而发展起来的，自 20 世纪 90 年代以来，水库渔业得到了快速发展（图 4-1）。2018 年全国水库养殖面积为 144.2 万 hm^2，养殖产量 294.92 万 t，占当年淡水养殖产量的 10.5%。2016 年养殖面积和产量均达到最高峰，由于水质环境保护的需要，2018 年养殖面积和产量比 2016 年分别减少了 27.6%、28.3%。2018 年全国水库单产量 2 046 kg/hm^2，比 1980 年（88 kg/hm^2）、2010 年（1 584 kg/hm^2）分别增加了 23.3 倍、1.3 倍。单产量的增加除了养殖技术水平提升外，更主要的是与外源营养物质的投入密切相关。由于受到水库分布格局的制约，水库渔业生产主要集中在华东、华南、华中和西南地区，以 2016 年为例，这四个地区水库养殖面积和产量分别占全国的 66.5%、87.7%，其中华南地区单产量最高，其次是西南和华东地区，再次是华中地区（表 4-1）。

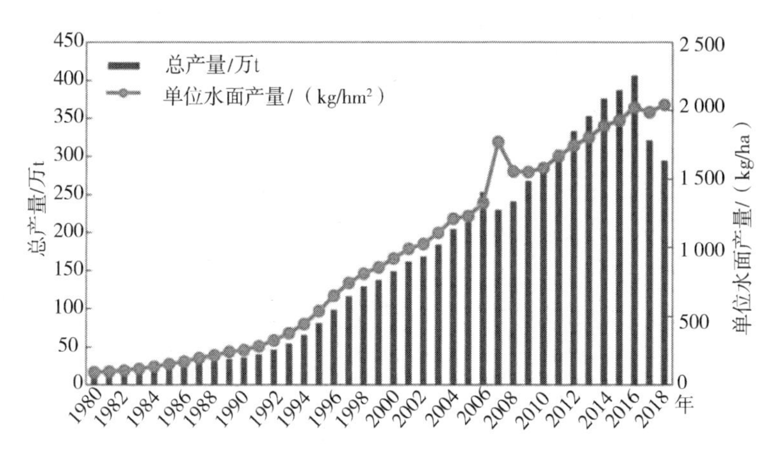

图 4-1　我国水库渔业总产量和单位水面产量的年度变化（1980—2018 年）

表 4-1　2016 年我国 7 个区域水库养殖面积和产量

	面积/万 hm^2	面积占比/%	产量/万 t	产量占比/%	单产/（kg/hm^2）
华北地区	10. 61	5. 3	15. 57	3. 8	1 467
东北地区	43. 29	21. 5	26. 56	6. 5	613
华东地区	53. 15	26. 4	130. 36	32. 0	2 453
华中地区	37. 63	18. 7	69. 31	17. 0	1 842
华南地区	18. 31	9. 1	88. 55	21. 7	4 835
西南地区	24. 74	12. 3	69. 06	17. 0	2 792
西北地区	13. 35	6. 6	7. 94	1. 9	595
全国	201. 09	100. 0	407. 34	100. 0	2 026

当前，大水面养殖的主要品种是大宗淡水鱼，包括鳙鱼、鲢鱼、鲤鱼、鲫鱼、青鱼、草鱼、团头鲂，其中鳙鱼和鲢鱼是最常见、最广泛的种类，它们以水体中浮游生物和有机碎屑为食。近年来，在少数小型水库，也开始放养一些高价值的肉食性鱼类，如翘嘴鲌、蒙古鲌、鳜鱼、黄颡鱼等，以期利用水体中的次级生

产力（小杂鱼和虾类），增加渔业经济效益和生态效益。在养殖方式方面，实行粗养与精养并举，多层次立体利用；在适宜养殖的大中型水库，主要是鱼类放养和投饵养殖相结合；在小型水库，以投饵养殖为主。

20世纪70年代，我国组织了全国范围的大中型水库渔业资源普查，探讨了水库凶猛性鱼类演替规律与控制途径，研制了水库联合渔具渔法。在20世纪80年代，以湖北省浮桥河水库为科研基地，研发了鲢鳙合理放养、库湾网栏和网箱养殖、鱼类电栅防逃、声电驱集捕捞等技术。在20世纪90年代，提出了水库网箱养殖面积占全库面积的比例上限为0.078%，构建了水库网箱养殖承载力动态估算模型（以鳜鱼为对象），研发了大水域鱼类放养和增殖与网箱养殖结合的水库渔业综合利用技术；探讨了网箱养殖对水库水环境影响及网箱养殖环境容量问题。进入新世纪后，又组织了对全国1 000多座水库的生态环境和渔业生产潜力调查；集成示范了库湾、网箱和坝下流水养殖技术；研发了鳜鱼、团头鲂、长吻鮠、大口鲇、鲟类等名优鱼类的繁养技术；开展了水库生态保水渔业及水环境调控技术研究，构建了大中型水库基于生态系统途径的渔业发展模式。这些研究成果为大水面渔业的快速发展起到了重要作用。

二、生态渔业的作用机制

1. 鱼类的捕捞出库是氮、磷输出的有效方式 地表径流入库的有机、无机物质是大水面中氮、磷的主要来源。鱼类通过两种途径利用水体中的氮、磷。一是有机碎屑线路，地表径流带入大量有机物被鱼类直接利用。二是牧食路径线路，大量有机物质经微生物分解为氮、磷等无机物，氮、磷等被浮游植物吸收，浮游植物被浮游动物摄食，鱼类通过摄食各种浮游生物，把氮、磷等营养盐富集到体内。按质量分数算，一般鱼体中含氮2.5%～

3.5%、含磷0.3%~0.9%，也就是每从水库捕捞出鱼1 kg，可带走水中氮25~35 g、磷3~9 g；所以任何渔业功能发挥好的水库，其生产捕捞活动对水质都有较为显著的改善作用。因此，水库鱼产量越高，对水体的净化作用也就越强。

2. 应用鱼类进行的生物操纵有力地调控了水中浮游生物

经典生物操纵是通过放养凶猛性鱼类或通过直接捕杀或毒杀的方式来控制食浮游生物鱼类，借此壮大浮游动物种群来遏制藻类繁衍生长。而非经典生物操纵指控制凶猛鱼类，而放养有机碎屑食性鱼类和浮游生物掠食性鱼类（鲢鱼、鳙鱼）来直接摄食藻类，抑制藻类繁殖，防止大型藻类过度形成“水华”。研究表明，每生产鲢鱼1 kg可消耗水体中鲜藻100~150 kg。鳙鱼主要摄食浮游动物，浮游动物摄食浮游植物。鲢鱼、鳙鱼的摄食使浮游植物生产量减少，发挥鲢鱼、鳙鱼的下行控制作用，减轻了“水华”灾害。现实中，两种生物操纵方式都存在，对改善水质均起到一定作用。

三、大水面渔业发展面临的困境和挑战

多年来，我国的大水面渔业普遍以追求经济效益为主，造成了对水体的过度利用，导致水体富营养化和水环境质量下降，如追求高产而实施的化肥养鱼直接增加了水体氮、磷含量，为提高“家鱼”成活率而过量捕捞食鱼性鱼类导致生态系统失衡等。这其中的主要原因还源于人们对水库渔业生态认识不足，主要体现在以下三个方面：

1. 对大水面渔业的社会功能认识不全面　大水面渔业在实现人与自然和谐发展，增加库、湖区农民收入，构建和谐社会，维护社会稳定等方面都具有重要的意义。但是，随着水资源供应日益紧缺，不少水库、湖泊水资源已成为城市、农村居民生活用水的水源地，城乡生活供水已经成为这些水库、湖泊的主要功

能。基于这一现实，部分专家学者认为水库、湖泊的渔业功能已不再属于水库、湖泊的目的性功能，水库湖泊渔业可有可无，无关轻重。其实，渔业生产同防洪泄洪、灌溉农业、水力发电、船舶航运、城市供水、旅游开发等产业的功能一样，也是水资源利用的重要部分，渔业还是水库湖泊生态系统功能发挥的重要体现。水生生物作为生态系统中的主要消费者和最活跃的生物因子，在维持生态系统健康运转和水质保护修复中具有重要作用。

2. 对大水面渔业的发展方式认识不到位 不少地方把水库、湖泊渔业等同大规模地投饵施肥或投饵网箱养鱼。而事实上，可持续的大水面渔业生产方式，指的是根据天然水体中供饵能力和鱼类的食性，投放鱼苗、鱼种，不投或少投人工合成饲料，并且不使用农药、化肥的一种基本没有污染的水产生产方式。不否认，过去由于少数单位或个体盲目追求产量，过度投饵，严重超过了水环境容量，最终导致浮游生物大量繁殖，水体富营养化，但就环保部门调查的情况看，大水面水体污染绝大部分由外来污染源造成，最主要是工业污水、城市生活废水和农业面源污染。事实证明，科学合理开发水库湖泊水产业不仅不会污染水域，而且还是调节水质、保护水环境的有效生物调节手段。

3. 对鱼水关系的相互作用和影响认识不足 “鱼水情深”的道理看似简单，但真正全面地理解其含义并不简单。一直以来，全社会对鱼水关系的理解还不够全面，之前的认识更多偏重于“鱼儿离不开水”，而对鱼类在维护水质、保护环境方面的认识还不够，主要体现在要么漠视水产业对水质的影响，结果改变了原有水体中的鱼类种群群落结构；要么极度强调水产业对水质的不良影响，忽略了鱼类在保护水质、维护水环境稳定方面所起的积极作用。事实证明，鱼儿离不开水，水也离不开鱼，两者相为依存，互为影响。

四、大水面生态渔业的发展之路

当前我国大水面多数作为生活、生产用水的水源地，普遍面临着富营养化问题，治污任务重。水库湖泊富营养化导致“水华”频发，直接影响了污水处理成本，严重地影响到了生活用水水质。目前，各地水库都在努力控制“水华”发生，多措施控制外来营养物质的输入，但境内外水体治理实践证明，仅仅控制污染源是不够的。通过建立稳定的水域生态系统，有效降低水中氮、磷负荷，才能有效地保护水质环境。大量的实验实践数据表明，水生生物治理水污染相比物理化学方法更具优越性。生态渔业的发展提供了一条污染物资源化开发利用的有效途径。

目前我国的非点源污染已相当严重，还将会在较长时间内对各地的大水面水质产生影响，控污难度大。假如这些水库湖泊不能有效地控制农业面源污染，“水华”的暴发将是不可避免的。实际上，控制农业面源污染，在各地都具有很大的难度，如密云水库、千岛湖这些周边环境优美如画的大型水库之所以也会出现“水华”，非点源污染是最重要的原因。“保水渔业”虽然不能直接减少农业面源污染，但能化污为能，变废为宝，能把不可控制的面源污染影响减少到最小范围，甚至可以完全消耗。

生态渔业在生态修复的同时，对提高我国水产品质量、保证食品安全发挥了重要作用。片面追求产量的模式导致鱼病频发，农业药物大量使用，水产品品质下降，同时，人工饲料导致水产品品质大不如从前。在我国水环境日益恶化、水资源日益短缺的今天，水库常规养鱼方式迟早将被取缔。保水渔业生产的渔产品品质鲜美、有机健康，受人青睐，如密云水库的鲢鱼、鳙鱼已经获得有机鱼认证，其口味甚至连那些所谓的“名特鱼类”也不可比。大量实践证明，想要提高大水面的生态效益、经济效益和社会效益，应大力提倡生态渔业模式。

第二节　大水面生态养殖技术

所谓生态养殖，就是绿色养殖、健康养殖，区别于投饵高产养殖及投肥养殖，生态养殖符合我国目前建设美丽中国的基本政策，同时能为整个社会提供味道、质量更好且更加安全的水产品。

当前，传统渔业模式正在向生态渔业模式转型升级，实现从“以水养鱼”向“以鱼养水”的转变，从单一的水产品产出功能逐渐转向以充分发挥渔业的生态功能、科学利用水生生物资源、强化水域环境保护和三产融合为原则的大水面生态渔业可持续发展道路。近年来，通过关键性技术研发、强化模式提炼和管理体制创新，我国涌现了一批大水面养殖典型技术模式与成功范例，取得了显著的生态效益、经济效益和社会效益。

一、千岛湖“保水渔业”模式

千岛湖又名新安江水库，1959 年为开发新安江水电，淳安县 29 万人大迁移。如今，新安江水库已成为闻名中外的千岛之湖，千岛湖有机鱼吸引了大量游客吃住游玩。今后，千岛湖还将为淳安县的科学发展提供根本的动力源、时代特征的战略资源、突出的优势和宝贵的核心竞争力，这都源于“5A”级的生态环境，源于“保水渔业”的经营方式。

1998 年、1999 年千岛湖曾连续两年发生“水华”，严重影响了水质，根据同期的水质监测结果发现，发生水华时的总氮和总磷含量并不高，均低于发生水华前的 1993—1997 年；同时，针对水质所做的综合评价结果也表明，1998 年、1999 年千岛湖仍然处于中营养水平和贫营养水平，但由于多年来采用了灯光沉箱方式诱捕鳜鱼、鲈鱼，以及炸鱼、毒鱼、电击等非法捕捞行为，鲢鱼、鳙鱼生物量剧减，处于历史最低谷。后来的研究证明，鲢鱼、鳙鱼量的不足是导致“水华”的直接原因。

通过鲢鱼、鳙鱼的合理放养，可以有效地提高水库的自净能力，化解了非点源水体污染的社会危害，同时又为社会提供了优质的水产品，达到了经济发展和环境保护协调统一，开创了千岛湖“保水渔业”环境管理和渔业开发新模式。“保水渔业”利用不同生物之间相生相养的原理，通过建立各种各样的良性循环圈，保证了水体生态环境，维护了生态平衡。2000 年以来，千岛湖水生生物蕴藏量日趋合理，湖水透明度提高，生态系统稳定，水质越来越好，而且增加了鲢鱼、鳙鱼产量（表 4-2），最终实现了保护环境、保障旅游、开发渔业和保证食品安全的多赢目标，开创了千岛湖渔业发展的新路。

表 4-2　千岛湖 1998—2002 年网围养殖区内鲢鱼、鳙鱼放养情况

年份	鲢鱼				鳙鱼				总计/t
	1 龄鱼种		2 龄鱼种		1 龄鱼种		2 龄鱼种		
	数量/t	规格/(g/尾)	数量/t	规格/(g/尾)	数量/t	规格/(g/尾)	数量/t	规格/(g/尾)	
1998	32.025	24.59	39.175	110.0	16.5	19.0	26.125	110.0	113.825
1999	13.725	45.78	143.925	106.0	8.15	40.7	96.7	107.0	262.5
2000	133.55	51.36	170	32.7	88.9	63.5	113.35	25.67	505.8
2001	138.4	60.0	225	53.0	92.3	69.45	150.2	41.0	605.9
2002	48.95	66.67	385.0	100	172.0	106.4	154.2	76.9	760.15

1. 科学规划，设置禁渔区，规范各项规章制度　淳安县科学调研了千岛湖渔业发展过程中出现的新问题，出台了《淳安县渔业资源保护和管理办法》，将湖区中心和威坪港 $1.45\times10^4 hm^2$ 水域（约占全湖渔业水面的 1/3）列为封库禁渔区，全年禁渔，在千岛湖各水源头规划实施了休渔制度，保证鱼类春季产卵繁殖；禁止养殖肉食性鱼类，如鳜鱼等；坚决取缔灯光沉箱，科学

规划网箱养殖区域，严格控制养殖密度，严格捕捞制度。此外，对从事湖内养殖、增殖、捕捞、经营等渔业生产、生活相关活动的单位和个人制定了严格的规章制度。

2. 合理投放，限量起捕，保障可持续发展 保障一定存量的鲢鱼、鳙鱼，让鲢鱼、鳙鱼可以滤食水中的浮游生物，进而优化水质。1999—2002 年，有关部门在封库禁渔区投放鱼种 293.67×10^4 kg，合计 4 576.43 万尾。近年来，年投放鱼种 70×10^4 kg 以上，还实行限量捕捞，提高起捕规格，鳙鱼起捕规格为每条 4 kg 以上，鲢鱼起捕规格为每条 3 kg 以上，确保了鱼类资源蕴藏量，保障了渔业的可持续发展。

3. 常态化监测水质，产学研共谋发展 2003 年，淳安县水产科学研究所恢复建制，聘请上海水产大学教授作为技术指导，每月对重点水域水质监测、定性分析，掌握水环境变化规律。与此同时，研究所与中国水产科学院等科研院所建立了产学研合作项目库，共同研究保水渔业发展模式。

4. 健全渔政管理，创新资源保护机制 为管护好千岛湖渔业资源，1999 年增设淳安县渔政站新安江分站，设立水上协警中队，担负千岛湖封库禁渔水域的渔政管理。2007 年，组建成立淳安县渔政渔港监督管理局，下设 5 个渔政分站，建立了由执法人员 50 余人、乡镇渔政员 14 人、护渔人员 100 余人组成的渔业资源保护队伍，拥有渔政船 11 艘、渔政艇 28 艘，总马力达到 2 050 kW。健全“渔政管理 110 体系”建设，建立了水陆机动快速反应队，发挥乡镇渔政员、周边群众的监督举报作用，建立了完善的立体快速防控网络，理顺了经营管理体制。为适应水域生态环境保护的需求和渔业产业自身发展的需求，创新了渔业资源保护机制，逐步建立了以渔政作为主体、公安作为后盾、乡镇作为支撑，群众管理和专业管理相结合、分片管理与资源专管相结合、水面管理与市场监管相结合、日常管理与快速反应相结合、目标考核与监督检查相结合的渔政管理新模式。

目前，千岛湖渔业资源已得到有效保护和开发利用，实现了蓝天碧水、鱼游鸟翔的自然生态景观，形成了“科学研究、增殖放流、捕捞加工、销售旅游”一条完整的渔业产业链，创建了独具特色的保水渔业模式。水质长年稳定在Ⅱ类以上，多数情况为Ⅰ类。千岛湖有机渔业管理模式已成为我国水库渔业的管理典范，吸引了水产专家和环保专家赴当地考察学习，有力地推动了水库渔业的发展。

“以鱼护水、以水养鱼”的“千岛湖模式”，综合运用滤食性鱼类控藻、鱼种三级培育、营养盐定量移除、土著鱼类资源恢复等水质调控技术，建立了集养殖、管理、捕捞、加工、销售、旅游、科研和渔文化为一体的完整产业链，成功地打造了“一条价值链最完整的鱼”，实现了经济效益、社会效益和生态效益的有机融合，为推进我国湖泊生态经济发展提供了新的路径和新的模式。千岛湖鲢鱼、鳙鱼每生长 1 kg 能消耗近 40 kg 的藻类，可以将水体中的氮、磷等营养物质转化为鱼体蛋白质，通过科学合理的养殖捕捞，将营养物质带出水体，达到净化水体的作用，兼顾了水环境保护和渔业生产。2019 年千岛湖渔业经济产值逾 10 亿元，直接带动地方相关产业产值逾 50 亿元，“千岛湖模式”已列入中央党校教材，被农业农村部列为渔业水域生产生态协调发展典范。

二、太湖“以渔控藻”模式

太湖位于长江三角洲的南部，是我国第三大内陆淡水湖，总面积 2 338 hm^2。太湖流域气候温暖湿润、水位稳定，有利于各类水生生物的生长繁殖，湖内水产资源十分丰富，其主要的经济鱼类有梅鲚、银鱼、鲌类、鲤鱼、鲢鱼、鳙鱼、鳗鲡、河蟹、蚬子等，“太湖三白”和太湖大闸蟹更是久负盛名，名扬海内外。

2007年太湖全湖渔业总产量达到3.88万t，总产值达8.9亿元，渔民人均收入1.48万元。

太湖流域经过多年的发展，已经成为中国经济社会最为发达的地区之一，然而，工业化、城市化的快速发展也使得太湖富营养化程度日趋严重。2007年太湖蓝藻大规模暴发导致饮用水危机，进一步凸显了保护太湖水环境的重要性。为了改善太湖水质，保护水生态环境，养护水生生物资源，促进太湖渔业可持续发展，太湖渔管办努力从环境保护、资源养护、渔政执法等方面发展新思维，摸索新途径，通过多种措施引导太湖走上生态渔业之路。

1. 坚持环保优先，修复水生态环境 太湖渔业经过多年的发展，经历了注重经济效益而忽视生态环境的保护、盲目追求产量而忽视种群结构平衡和资源增殖潜力的阶段，生态环境遭到过一定破坏，因此，太湖渔管办坚持环保优先，运用“生物控藻”技术修复太湖水生生态系统，保护太湖水环境。一是放流生态环保鱼种。太湖是典型的富营养化湖泊，蓝藻给沿湖各地居民生产生活带来了极大的影响。花白鲢以浮游生物为食，4~10月摄食强度较大，与太湖蓝藻暴发周期基本吻合，是蓝藻的天敌，因此太湖渔管办近年来投入大量资金放流花白鲢鱼种，利用花白鲢摄食蓝藻控制水体中蓝藻密度，并通过渔获物移出氮、磷等营养物和污染负荷。二是调节鱼类种群结构。由于太湖水环境和捕捞强度等方面的影响，个体小、性成熟早、繁殖力强、适应性强、食性广、生长快的鱼类如梅鲚成为太湖的优势种，造成鱼类种群结构失衡。因此，太湖渔管办加大翘嘴红鲌等凶猛肉食性鱼类的放流来控制梅鲚等小型鱼类的数量，同时辅以大银鱼、鳗鱼、细鳞斜颌鲴等其他鱼类的放流，调优太湖鱼类种群结构。根据放流鱼的生长特点，规定了合理的起捕规格，控制捕捞强度，保护放流鱼种。三是增殖保护底栖生物。设立生态保护区，加强对螺、蚬、河蚌等底栖生物的保护。通过适时人工增殖放流、加强巡查、禁止耥螺作业等措施，保证了太湖底栖生物的种群数量。此外，充分发挥河蚬等贝类营养保健效果好、经济价值高等优点，进行合理的开发利用，用获得的利润再进行底栖生物的增殖，以形成持续循环的良性发展模式。四是恢复和保护水生植被。为了有效遏制蓝藻暴发，在水草丰茂的东太湖水域和东西山之间水域设立水草保护区，禁止一切非法利用水草的行为。同时，结合太湖生态功能区域的设置，在太湖沿岸区域恢复水生植物，种植芦苇和水草，重构太湖健康的生态系统。

2. 强化渔政管理，维持湖区生产秩序 由于太湖渔业资源长期保持持续稳定的良好态势，以致湖区捕捞强度始终居高不下。随着太湖捕捞工具的不断改进，湖区资源的生长速度已明显跟不上捕捞作业的强度。经过多年的实践和总结，太湖渔管办遵照“依法治渔，强化管理，公正严明，服务渔业”的方针，实现了湖区渔政执法方针和管理方法的战略转变。一是深入开展宣传教育。由于渔民居住相对分散，信息比较闭塞，无法及时了解有关渔业管理的政策规定，太湖渔管办主动深入渔民中间，通过印发渔业简报、张贴封湖禁渔通告、发放“告渔民书”、召开渔民座谈会等形式，将政府的重大政策方针和太湖的各项规定告知渔民群众，把宣传工作做到渔民的村头、船头、心头。同时，还与报纸、电视台、网站等各种媒体配合，全方位宣传太湖，使社会各界都来了解太湖、关心太湖。二是坚持实行依法管湖。目前，太湖存在着从渔人员复杂、捕捞强度过高、外来人员入湖侵渔事件增多等现象，湖区违章偷捕也出现了速度快、频率高、隐蔽性强等新问题。对此，太湖渔管办通过限制捕捞许可证的发放、健全群众信息举报网络、加大封湖禁渔期间的检查和处罚力度等措施，加强对副业人员的控制力度，加大对专业渔民的管理力度，保持对违法偷捕行为的高压态势，遏制不法分子的嚣张气焰，有效地维护了太湖正常的渔业生产秩序。三是强化渔政队伍建设。从2007年至今，太湖渔管办先后开展了“作风建设年”和“队伍建设年”的主题建设活动。通过开展业务培训、听取专家讲座、外出参观考察、推行文明规范执法等措施，不断增强法律意识，提升执法素质和水平。同时，通过开展争当“执法、管理、服务”模范标兵和“团结、廉洁、开拓”好团队的“双争当”活动，树立队伍争先创优的良好氛围。为了适应不断复杂的执法现状，太湖渔管办加大投入力度，组建指挥中心，更新执法装备，加强渔政管理自身的实力，打造实力渔政、强势渔政。四是树立服务渔民意识。在管理中，原则性与灵活性相结合，采取“刚性标准，柔性操作”的做法，在全湖范围内开展“十村百户”科技致富、帮困扶贫活动，拉近和渔民群众之间的距离，体现人性化的管理特点，缓和管理与被管理之间的矛盾，着力构建和谐的管理氛围。

3. 合理设置功能区域，建设生物多样性保护体系 为了有效地保护太湖珍贵的渔业资源，保护太湖水环境，促进湖泊渔业的可持续发展，实现资源保护、生态良好的文明发展道路，经过长期科学规划和论证，太湖渔管办制定了《太湖渔业功能区域设置及发展目标规划》，规划从太湖生物多样性和各类生物资源保护、生态景观保护、渔业资源保护、环境保护等多方面综合考虑，设置了生物多样性保护区、渔业资源保护区和东太湖养殖区三个核心区、缓冲区（全太湖沿湖岸向湖内推进50~100 m的湿地生态景观带）和西部生态恢复区。2007年太湖渔管办申报太湖银鱼、翘嘴红鲌、秀丽白虾国家级水产种质资源保护区并获通过，成为全国首批40个国家级水产种质资源保护区之一。保护区位于太湖东西山之间水域和胥湖水域，总面积约24万亩，是太湖水质情况最好、生物资源最丰富的水域之一。此外，太湖渔管办还建立了螺蚬保护区、银鱼保护区、水草保护区等多个保护区，构成了较为完整的生物多样性保护体系。对太湖渔业功能区域的设置，其实质是对太湖水域、湿地的渔业功能区的界定、开发、发展及管理和保护。

4. 控制网围养殖面积，推广生态养殖模式　由于前些年的过度发展，太湖的网围养殖出现了规模过大、布局不合理、养殖密度偏高等问题，随着“环保优先，科学治太”总要求的提出，太湖渔管办在严格遵循“绿色、生态、高效”的科学发展原则的基础上，通过与大专院校和科研院所协作，建立了“小面积、精细化、高科技”的具有太湖特色的科学养殖模式。一是大力压减现有网围面积。按照江苏省委、省政府的要求，将太湖的网围养殖面积一次性压减，并统一集中在最适宜发展养殖的东太湖水域，既便于集约化管理，又可以形成太湖优质大闸蟹生产的规模化效应。二是合理规划养殖区域布局。在不影响行洪泄洪和沿湖饮用水质的前提下，通过 GPS 卫星遥感定位，确定规范化养殖区域的精确方位。养殖区每户 15 亩养殖水面，每个小区 10 户养殖户，每个小区之间间隔统一为 60 m，小区内每个养殖户网围之间间隔统一为 3 m。规划的养殖区按照“拉框成方，隔距成行，立桩成线，整齐划一”的标准进行建造。同时，将所有养殖户的详细信息统一登记，构建数据库，建立网围养殖管理系统，实行信息化管理。三是推行生态养殖技术。单位养殖面积缩小后，必须在增大规格、提升品质上下功夫。养殖户严格按照河蟹标准化操作技术规程进行标准化养殖，在网围内种植水草、投放螺蛳净化水质，给河蟹投喂的小杂鱼为太湖天然资源，不投入外源性饵料，网围内适当套养一定数量的花白鲢控制浮游植物，最终通过河蟹及鱼类的捕捞收获从湖体中移出营养物质，促进物质和能量的循环，实现氮、磷等营养元素的零排放。四是全程跟踪养殖生产过程。太湖渔管办向养殖户发放了《网围养殖管理手册》，手册里详细写明了网围养殖管理要点、生态养殖禁用药物名单、网围养殖防病技术要点等内容，要求渔民记录苗种购入、饵料投放、养殖管理、病害防治、捕捞收获等养殖全过程，形成了养殖管理的可追溯制度。在太湖大闸蟹上市前，积极配合出入境检验检疫部门对出口太湖大闸蟹进行随机抽检。

5. 合理利用资源，构建生态休闲渔业产业链 太湖有48座岛屿、72座山峰，湖光山色，相映生辉，有“太湖天下秀”之称，太湖渔管办以建设各类自然保护区为契机，充分利用太湖秀美的山水资源，依托沿湖各地经济开发的总体规划布局，着力建设环太湖观光休闲渔业带。通过鼓励渔民从单一的捕捞和养殖转产从事休闲渔业的开发和利用，降低渔业捕捞强度。在渔村社区和渔港码头，以传统渔业为载体，结合旅游、餐饮、垂钓、休闲、体育等一系列行业形成规范化的产业链，提升渔业经济的附加值，扩大渔业的内涵和外延，使太湖渔业走上生态化、科学化的崭新发展道路。

总之，太湖模式的优点主要表现在以下方面：一是动态监测和评估太湖渔业资源，开展重要经济鱼类生活环境营造、滤食性生物联动控藻、多营养层鱼类协同净水和水生植被恢复等技术研发与试验示范，合理规划增殖放流水域、品种、数量，加大太湖三白、鳗鱼、河蟹等名特优水产品的放流，适时调整捕捞生产，恢复和保护渔业生态环境。二是科学设置太湖渔业生态功能区，建立了三个国家级水产种质资源保护区。积极发展水产品加工流通和休闲渔业，促进一、二、三产业融合发展。三是加强太湖水产品质量管理，建立湖泊水产品溯源体系，提升“湖鲜”市场竞争力，打造太湖生态渔业品牌。四是逐步完善太湖渔业养护和开发方面的管理制度，将现代电子信息化监控手段运用到太湖渔业执法监管中，湖区实时监控能力覆盖面达60%以上。

近年来，随着沿湖地方经济的不断发展，传统的捕捞和养殖业已无法适应新时期发展的需要，渔业面临着前所未有的新情况、新问题，如何科学合理地保护和利用渔业资源，拓宽渔业发展的道路，成为湖泊渔业管理的新课题。2020 年 10 月 1 日起，太湖进入全面禁捕退捕期。太湖的禁捕不是退而不捕，而是让湖泊渔业资源通过一定时期的休养生息，实现由粗放型向集约型渔业发展模式转变，这是太湖渔业转型升级的重要机遇。

三、查干湖“鱼水互养”模式

查干湖位于吉林省西北部，西邻乾安县，北接大安市，是松花江、嫩江和霍林河三江交汇之地，湖内生物种群丰富，水质适应大多数温水性鱼类生长繁衍，盛产鲢鱼、鲤鱼、鲫鱼、大白鱼、麻鲢鱼和虾类，是吉林省最大的内陆湖泊、著名的渔业生产基地、芦苇生产基地和天然旅游胜地。

近 20 年来，查干湖“以水养鱼、以鱼活水”，实行轮放轮捕，形成良性循环，生态保护与渔业生产、生态旅游相得益彰。查干湖的主要做法是：第一，坚持增殖放流，科学投放鱼苗。查干湖年年封湖涵养和接续投苗，每年春季投苗时按照“一草带三鲢”比例，即投放一条草鱼同时投放三条鲢鱼或鳙鱼。第二，坚持人放天养，不搞围湖养殖。烟波浩渺的查干湖及湖汊、通湖河道，通通没有网箱、围网养殖，绝对没有饲料等任何投入品，而大湖养殖也适度适量，杜绝自身污染。第三，坚持有序捕捞，做到收放自如。通过扩大网眼，“抓大放小”，休养生息。夏捕用 3 寸（1 寸约为 33 mm）网眼，而冬捕改用 6 寸网眼，2 kg 以上的大鱼才能入网。据报道，查干湖平时捕捞 10 kg 的大鱼比较常见，有记录的青鱼重达 40 kg 以上。

1. 将渔业生产、生态保护与品牌建设、文化传承相融合

（1）传承冬捕习俗，打造查干湖古老、神秘的渔猎文化。传承古老渔猎方式，让冬捕成为特质旅游资源。传统的马拉绞盘的古老冬季捕鱼方式与“祭湖”的习俗，通过申报现已列入了国家级非物质文化遗产保护名录，成为国家级非物质文化遗产。

（2）打造查干湖的有机品牌渔业。查干湖胖头鱼自2001年获得中国绿色食品发展中心绿色食品A级产品认证后，先后又获得绿色食品AA级产品认证、有机食品认证、吉林省著名商标、农业农村部中国名牌农产品称号、中国驰名商标等。查干湖鱼产品四大系列32个品种，产品远销海南至内陆各省、市、区。

（3）融合渔业元素，开发休闲渔业。查干湖休闲渔业通过集中融入和展现辽金文化、满蒙民俗文化和地域渔猎文化的历史脉络，实现了现代渔业生产与传统渔业捕捞方式的有机结合和创新，当地的特色文化给查干湖的休闲渔业注入了蓬勃的活力，使查干湖的休闲渔业做到了唯一性、持久性。

2. 保护生态环境，为大水面生态渔业的持续发展保驾护航

（1）防止过度放养与捕捞，科学育投，坚持大水面鱼水互养的生态渔业发展模式。以查干湖国家级良种养殖基地为依托，走以人工投放为主、自然增殖为辅的生态有机模式化养殖之路，多年来坚持科学育投，严格管理，合理捕捞。完全依靠湖中天然饵料，不使用任何添加剂及药物，让鱼完全在自然状态下生长，从而实现从苗种到餐桌都保持有机食品品质。在捕捞过程中坚持采用传统的马拉绞盘的原始捕捞方式作业，避免机械设备产生的污染。

（2）核心区、缓冲区退出生产，还原自然生态。渔场在生产和日常管理上，将大水面完全按保护区模式进行运作。目前，将生产和旅游全部退出保护区的核心区和缓冲区，对实验区也是进行论证之后再行开发。一切都在环保的前提下进行，确保生态不受到破坏。

（3）生态保护为查干湖大水面生态渔业提供可持续发展的有力保障。查干湖国家级自然保护区和吉林省松原市共同制定了《查干湖治理保护规划（2018—2030）》，中共吉林省委办公厅和吉林省人民政府办公厅共同下发了批复文件。查干湖的生态环境保护结合河长制与湖长制和村屯综合整治，加大了查干湖生态保护力度。为使规划落到实处，松原市成立了查干湖生态保护和生态旅游开发建设领导委员会，全面负责查干湖保护与发展的落实情况。

查干湖以国家级良种养殖基地为依托，走以人工投放为主、自然增殖为辅的生态有机模式化养殖之路，依靠湖中天然饵料，让鱼完全在自然状态下生长，保证有机食品品质。定产定量、抓大放小的捕捞方式保障了查干湖湖内生物链平衡，让鱼类资源生生不息。同时，将生产和旅游全部退出湖泊生态保护的核心区和缓冲区，保护了查干湖的生态环境，实现了以水养鱼、以鱼养水的大水面生态渔业发展模式，为北部平原湖泊大水面生态渔业发展探索了新的发展方向。

四、龙羊峡“特色冷水鱼智能网箱”模式

龙羊峡水库是黄河上游具有多年调节性能的综合利用型水库，水体洁净、水质优良，冬季不封冻，是鲑鳟鱼等冷水鱼的天然生息繁衍之地，已建成我国最大鲑鳟鱼网箱养殖生产基地，形成了独具特色的龙羊峡“特色冷水鱼智能网箱”养殖模式。

龙羊峡水库的主要做法是：一是科学规划空间布局，根据水环境承载力，明确禁养区、限养区和养殖区，以及网箱面积和养殖容量等。二是积极开展苗种场循环水系统、网箱环保系统和粪污收集系统建设与改造，引进深水网箱养殖智能化控制监测系统，开展鱼类生长全程信息化监控，加快了依靠科技推动渔业转型升级的步伐。三是加大土著鱼类增殖放流，保护生物多样性和促进生态平衡，使渔业资源得到了有效修复。四是引进全自动冷水鱼加工流水线，提高水产品加工工艺，完善加工、保鲜、冷藏、储运技术，积极打造集养殖、加工、品牌创建、市场营销为

一体的青海省冷水鱼产业集群。最后，依托冷水鱼产业优势和龙羊峡旅游资源，实施集养殖、精深加工和休闲旅游为一体的现代“渔家乐”乡村特色产业，实现产业兴村强镇。

2008年，青海民泽龙羊峡生态养殖有限公司从国外引进鱼卵、网箱开始规模养殖，鲑鳟鱼养殖正式走上持续发展轨道。近年来，龙羊峡库区养殖技术始终与国际先进技术同步，2016年公司又投资2.5亿元，建成集展示体验、科研实验、教育培训、产品加工等功能区于一体，年产2万t的鲑鳟鱼科技园。2017年，公司自主设计、研发智能投喂艇，实现了全自动投喂，水质数据及投喂数据的实时传输。十多年间，鲑鳟鱼养殖从小型方形网箱到智能化大型网箱，从人工定时投喂到自动化控制投饵，从不收集残饵粪便到半自动化收集等，鲑鳟鱼养殖从弱小到强大，从小规模到形成产业，一路走来，才形成了今天占据全国鲑鳟鱼网箱养殖产量的30%以上、良种率达到95%的良好势头。

成绩的背后，离不开渔业主管部门对鲑鳟鱼产业明确的清晰思路和打造高端产品的发展理念。高起点入手，高门槛准入，将生态保护与科技创新贯穿始终，加上对水域生态安全、疫病防治安全、生物管理安全、水产品质量和生产管理安全的严格监管，更重要的是养殖生产者能够领会政策、遵守政策、落实政策，才有了今天蓬勃发展的局面。

第三节　大水面鱼类增殖放流技术

增殖放流是对野生鱼、虾、蟹、贝类等进行人工养殖、繁殖或捕捞天然苗种进行人工培育后，投放到渔业资源出现衰退的天然水域中，使其自然种群得以恢复的渔业资源增殖措施。渔业资源增殖放流是改善水域生态环境、恢复渔业资源、保护生物多样性和促进可持续发展的重要途径。据统计，全国渔业资源增殖放流资金总投入逐年增加，放流规模和社会影响不断扩大，“十三五”期间，全国累计放流各类水生生物 1 900 多亿尾，产生了良好的生态效益、经济效益和社会效益。2022 年 1 月，农业农村部发布《关于做好“十四五”水生生物增殖放流工作的指导意见》明确提出，到 2025 年，增殖放流水生生物数量要保持在 1 500亿尾左右，逐步构建“区域特色鲜明、目标定位清晰、布局科学合理、管理规范有序”的增殖放流苗种供应体系；确定一批社会放流平台，社会化放流活动得到规范引导；与增殖放流工作相匹配的技术支撑体系初步建立，增殖放流科技支撑能力不断增强；增殖放流成效进一步扩大，成为恢复渔业资源、保护珍贵濒危物种、改善生态环境、促进渔民增收的重要举措和关键抓手。

一、鱼类增殖放流容量估算

1. 饵料生物生产力评估　调查水库生态牧场饵料生物现存量、组成和分布，估算浮游藻类、固着藻类和水生植物等饵料生物（生产者）的生产力，以及浮游动物、底栖动物和小型鱼类等饵料生物（消费者）的生产力。目前已有成熟的饵料生物现存量估算方法，但对于生产力的估算，由于受到水体温度和营养盐的影响，需要确定不同地理区域的各类饵料生物精准的 *P/B* 系数，提高评估结果的可靠性。

2. 鱼类增养殖容量计算　受农业农村部渔业渔政管理局的委托，中国科学院水生生物研究所编制了水产行业标准《（SC/T 1149—2020）大水面生态增养殖容量计算方法》（SC/T 1149—2020）。在这个标准中，把鱼类分为 6 种营养生态位类型，即浮游生物食性、草食性、底栖动物食性、着生生物食性、鱼食性和碎屑食性，提出了不同生态位类型鱼类的增养殖容量计算方法。

现阶段水库生态牧场鱼类增养殖容量一般按照上述标准执行。

3. 基于鱼类资源动态的鱼类增殖放流规模计算 根据 Balanov（1918）的方法，假设天然群体年度补充量相同，且残存率在其一生中相同的条件下，对平衡状态下的资源量动态进行模拟，依据渔获物的现存量、补充量、自然死亡系数和捕捞死亡系数估算天然群体和放流群体随时间变化的各年度渔获量尾数，具体如下：

$N_r = N_o \times a$

$C(t)\ n = N_r \times F \times (1 - e^{-(M+F)\times t}) / (M+F)$

$N(t) = R(t) \times e^{-(M+F)\times t}$

$C(t) = [N(t_1) - N(t_2)]\ F/Z$

$P(t) = N(t) \times a \times F \times (1 - e^{-(M+F)\times t}) / (M+F)$

式中：N_r是年度补充量，单位为尾；N_o为现存量，单位为尾；a为自然补充率，在各年度资源量平衡的天然群体中，与自然死亡率和捕捞死亡率之和即总死亡率相等；$C(t)\ n$ 中 t 为年度天然群体捕捞量，单位为尾；F 为捕捞死亡系数；M 为自然死亡系数；$N(t)$ 为渐近体长，单位为 cm；$R(t)$ 中 t 为年度放流量，单位为尾；$C(t)$ 中 t 为年度放流群体尚未开始增殖时期捕捞量，单位为尾；$P(t)$ 中 t 为年度放流群体开始增殖时期捕捞量，单位为尾。

各种类各年度预期总渔获量（尾数）和重量计算方法如下：

$$Ce(t) = C(t)\ n + C(t) + P(t) + C(t)\ n \times A$$

$$We(t) = Ce(t) \times \overline{W} \times (Lc/L')$$

式中：$Ce(t)$ 中 t 为年度预期总渔获量，单位为尾；A 为生境恢复后天然群体增殖渔获量比例，按庇护场恢复后天然群体单位面积渔获量的增殖比例 86.5%计算；$We(t)$ 中 t 为年度预期总渔获量，单位为 kg；W 为渔获物平均体重，单位为 kg，按 3 年水库6~9月渔获物调查结果计算；*Lc*为最适起捕体长，单位为cm；*L′*为最小捕捞体长，单位为cm，按3年水库6~9月渔获物调查结果计算。

二、大水面增殖放流注意事项

针对水生生物资源与水域生态环境所面临的问题，近年来我国各地加大了增殖放流工作力度，资源养护管理工作呈现出新的良好局面，增殖放流已在全国逐渐成为转变渔业发展方式、提高渔民收入、维护渔区社会稳定的重要手段。增殖放流不仅关系到水生生物资源的可持续利用，而且关系到水域生态平衡，是全社会关心的问题。渔业增殖放流的最终目标是达到渔业对象种群数量的可持续增长。掌握增殖对象的自然种群和增殖种群的资源状态、增殖数量的变动、了解自然种群增加的产卵种群量、可捕量的变化等资料是增殖放流实施不可欠缺的。在对放流物种种群动态特征了解不够充分的情况下，盲目实施增殖放流，难以达到预期效果。在增殖放流时要注意以下几点：

1. 增殖放流必须建立科学机制　增殖放流有不同角色扮演，政府起管理决策作用，科研单位起科学指导作用，而渔民（协会或企业）既是受益者也可能是放流具体承担者。因此，建立增殖放流完善的机制，促使政府管理部门、科研单位（资源和环境监测单位）以及企业（协会）强化管理、研究和具体放流操作的相互衔接，乃至像日本一样，设立国家水生生物增殖放流节日，对提高增殖放流的社会经济效果是十分必要的。

2. 增殖放流必须考虑生态安全　增殖放流不仅要考虑苗种培育、检验检疫、生态环境监测、标志放流及增殖效果评估等，同时要考虑水生生物多样性的保护、种群遗传资源保护以及对生态系统结构和功能的影响；增殖放流前应对放流水域的生态系统开展调查，以了解放流水域的生态结构、食物链构成，特别是应对竞食或掠食物种的习性开展调查，以确定放流的物种和规格，保证生态系统不受破坏，减小放流的生态风险。

3. 增殖放流必须考虑生态容量 增殖放流必须考虑放流区域的生态容量和合理放流数量，增殖放流前应对放流水域的生态系统开展调查，以摸清包括初级生产力及其动态变化、食物链与营养动力状况，从而确定放流物种的数量、时间和地点。同时要加强放流后的跟踪监测和效果评估，以调整放流数量、时间和地点，保证最佳放流增殖资源的效果。

4. 增殖放流应当加强体系化建设 从国外资源增殖实践来看，孤立地进行水生生物资源增殖放流是不科学的，我国应建立完善的管理、研究、监测评估和具体实施的增殖放流体系，同时，也应建立跨境水生生物资源增殖放流的国际合作体系，以确保增殖放流工作的顺利开展。

三、增殖放流优化实例

以下以大泉沟水库鱼类资源调查及生态渔业增殖模式优化为例进行介绍。

1. 大泉沟水库浮游植物的资源状况及其鱼产力估算

（1）浮游植物种类、密度和生物量测定：

1）浮游植物种类鉴定：浮游植物种类鉴定与分类方法可参考文献及相关书籍。优势种类鉴定到种，其他种类至少鉴定到属；种类鉴定除用定性样品进行观察外，定量样品经过计数完成后也可以用于微型浮游植物的鉴定。

2）浮游植物计数：将定量样品振荡摇匀，迅速吸出 0.1 mL 于 0.1 mL 计数框里，盖上盖玻片，应无气泡，无溢水。用视野法计数。首先用镜台测微尺测量所用显微镜在一定放大倍数下的视野直径，计算出面积。计数的视野要均匀分布在计数框内，要保证计数到的浮游植物至少达到 100 个以上。每瓶样品计数 2

次，取平均值，每次结果与平均数之差应不大于±15%，否则进行第3次计数。

1 L水样中的浮游植物的数量按照以下公式计算：

$$N=\frac{G_s}{Fs\times Fn}\times\frac{V}{U}\times Pn$$

式中：N代表浮游植物密度（个/L）；Gs代表计数框面积（mm^2）；Fs为一个视野的面积（mm^2）；Fn为计数的视野数；V为沉淀样品的体积（mL）；U为计数框容积；Pn为视野里所计得的数量（个）。

3）浮游植物生物量计算：采用体积换算为生物量（湿重）方法，相对密度取1。体积的测定要根据浮游植物的体形，按照最近似的几何形状测量必要的长度、高度、直径等，每一种类至少随机测定50个，求出平均值，代入相应的求积公式计算出体积。种类形状比较特殊的可分解为几个可计算的体积，分别按相应公式计算后相加。量大或体积大的种类，要尽量实测体积并计算平均重量。

调查期间，通过体积换算的方法计算出大泉沟水库生物量：枯水期的浮游植物的生物量为8.74 mg/L±2.12 mg/L，丰水期的浮游植物的生物量为6.98 mg/L±1.23 mg/L，平水期的浮游植物的生物量为11.32 mg/L±5.27 mg/L，大泉沟水库浮游植物年平均生物量值为9.013 mg/L。

（2）滤食浮游植物性鱼类的鱼产力估算：根据浮游植物现存量中的重量法来估算滤食浮游植物性鱼类的鱼产力。

$$\text{鲢鱼鱼产力}=\frac{\text{浮游植物生产量}\times\text{可利用率}}{\text{饵料系数}}$$

$$=\frac{\text{浮游植物现存量}\times\text{系数}(P/B)\times\text{可利用率}}{\text{饵料系数}}$$

式中：P为浮游植物生产量；B为浮游植物现存量。

大泉沟水库浮游植物年平均生物量为9.013 mg/L，如果按照大泉沟水库平均水深4.13 m和水面面积10 km^{2}进行估算，浮游植物现存量约为372 249.29 kg，相当于24.82 kg/亩。如果按照饵料系数为40，饵料利用率为20%，*P/B*系数为110来进行估算，得出的结果是大泉沟水库浮游植物提供的鱼产力：24.82 kg/亩×110×20%/40≈13.65 kg/亩。换算单位后得出水库滤食浮游植物性鱼类的鱼产力为204.75 kg/hm^2。

2. 大泉沟水库浮游动物的资源状况及其鱼产力估算

（1）浮游动物种类、密度和生物量测定：

1）浮游动物种类鉴定：实验时在显微镜下进行分类鉴定，浮游动物的鉴定可参考相关文献。

2）浮游动物计数：计数前，充分摇动定量样品，快速准确地吸出计数框内的指定体积样品，盖上盖玻片，计数框内应无气泡，无溢水。同一样品计数2片，取平均值，但每片结果与均数之差不能大于±15%，否则要计数第3片。原生动物计数时，吸出0.1 mL样品，置于0.1 mL计数框内，盖上盖玻片，在中倍显微镜下全片计数。每瓶样品计数2片。轮虫动物计数时，吸出1 mL样品，置于1 mL计数框内，全片计数。每瓶样品计数2片。枝角类和桡足类动物计数时，用5 mL计数框将样品分若干次全部计数。如样品中个体数量太多，要将样品稀释至30 mL，用5 mL计数框全片计数。每瓶样品计数2片。无节幼体计数时，样瓶中个体数量少的在甲壳动物样品中同时全部计数；数量多的，在轮虫样品中同轮虫一起计数。

1 L水样中浮游动物数量可按照公式，参照张觉民和何志辉（1991）的方法计算，即

$$N=\frac{V\times P}{W\times C}$$

式中：V是水样品的体积（mL）；C是用于计数的水样体积

（mL）；W 为采水样体积（1 L）；P 为显微镜视野里浮游动物个数（2 片平均数）。

3）浮游动物生物量的计算：原生动物、轮虫可用体积法求得生物体积，相对密度取 1，再根据体积换算为重量和生物量，无节幼体一个可按 0.003 mg 湿重计算。

调查期间，通过体积换算的方法计算出大泉沟水库浮游动物生物量：枯水期的浮游动物的生物量为 2.89 mg/L，丰水期的浮游动物的生物量为 1.62 mg/L，平水期的浮游动物的生物量为 1.98 mg/L，大泉沟水库浮游动物年平均生物量值为 2.16 mg/L。

（2）滤食浮游动物的鱼类的鱼产力估算：

$$鳙鱼产力=\frac{浮游动物生产量\times可利用率}{饵料系数}$$

$$=\frac{浮游动物现存量\times系数（P/B）\times可利用率}{饵料系数}$$

其中：P 为浮游动物生产量；B 为浮游动物现存量。

大泉沟水库浮游动物年平均生物量为 2.16 mg/L，如果按照大泉沟平均水生 4.13 m 和水面面积 10 km^2 进行估算，浮游动物现存量约为 89 208 kg，相当于 5.95 kg/亩。如果按照饵料系数为 10，饵料利用率为 50%，P/B 系数为 30 来进行估算，得出的结果是大泉沟浮游动物提供的鱼产力：5.95 kg/亩×30×50%/10≈8.93 kg/亩。换算单位后得出水库浮游动物鱼产力为 133.95 kg/hm^2。

3. 大泉沟水库底栖动物的资源状况及其鱼产力估算

（1）底栖动物鉴定、计数、生物量测定：在解剖镜下鉴定种类；按不同种类准确地统计个体数；每个采样点所采得的底栖动物要按照不同种类准确地称重。需要注意，软体动物要用普通药品天平称重，水生昆虫和水栖寡毛类要用扭力天平称重。

霍甫水丝蚓的年平均密度为 13 个/m^2，其年平均生物量为

0.33g/m^2，摇蚊幼虫的年平均密度为11.66个/m^2，其年平均生物量为0.26g/m^2。底栖动物的年平均密度为24.66个/m^2，底栖动物的年平均生物量为0.06g/m^2。

（2）捕食底栖动物的鱼类的鱼产力估算：

$$鱼产力=\frac{底栖动物生产量\times可利用率}{饵料系数}$$

$$=\frac{底栖动物现存量\times系数（P/B）\times可利用率}{饵料系数}$$

式中：P 为底栖动物生产量；B 为浮游植物现存量。

大泉沟水库底栖动物的生物量为0.06g/m^2，如果按照大泉沟水库平均水深4.13 m和水面面积10 km^{2}进行估算，底栖动物现存量约为600 kg，相当于0.04 kg/亩。如果按照鱼类可摄食率为50%，饵料系数为6，P/B 系数为2来进行估算，得出的结果是大泉沟水库底栖动物提供的鱼产力：0.04 kg/亩×2×50%/6≈0.007 kg/亩。换算单位后得出水库底栖鱼产力为0.105 kg/hm^2。

4. 大泉沟水库鱼类资源现状调查及放养结构模式优化

（1）鱼样形态学体尺性状测定：

1）鱼样个体体长测定：测量鱼样吻端到尾鳍基部的长度即鱼样的体长，采用量鱼板和精确到1 mm的直尺共同完成准确测量。

2）鱼样个体体重测定：称量鱼样个体体重时精准到克，称量时注意沥干鱼样附着的水分以及去掉鱼样表面附着的污泥和水草。

3）鱼样胃肠饱满度的测定：将所采部分鱼样立即进行现场解剖，目测其胃肠饱满度，并判断出鱼样胃肠饱满度等级。“0级”为胃和肠内无食物；“1级”为胃内无食物，肠内有1/4残食；“2级”为胃肠内有少量食物，约占1/2；“3级”为胃肠内有少量食物，约占3/4；“4级”为胃肠内充满食物，但胃肠壁不膨胀；“5 级”为胃肠内充满食物，胃壁膨大。

4）鱼样年龄的测定：在鱼体侧线上和背鳍始端下之间顺势取 5~7 枚完整鳞片，放于事先准备好并带有标签的鱼龄袋中密封保存，以便后期用于鱼龄测定，测定鱼龄时应先将鳞片放入温水中浸泡，浸泡数分钟后依次拿出并用牙刷再进行一次污物清理工作，最后用清水冲洗，擦拭鳞片上的水分。鳞片用于显微镜观察年龄时，应用两片载玻片将鳞片夹在其中，不能使用盖玻片。注意显微镜的放大倍数，以能观察到整个鳞片为最适宜。

（2）主要经济鱼类生长状况：

1）体长与体重关系：采用 Keys 公式来表示体长与体重的关系并采用幂函数关系来拟合，表达式为

$$W=aL^{\mathrm{b}}$$

式中：W 为实测体重（g）；L 为实测体长（cm）；a 为生长条件因子；b 为幂指数。

当 $b=3$ 时为匀速生长，当 $b>3$ 或 $b<3$ 时为非匀速生长。匀速生长是指在鱼类生长过程中体形和比重基本不变，但由于鱼类生长环境等各因素的影响，导致 b 很难等于 3，所以一般当 b 接近 3 时，就可认为该鱼类生长是匀速的。

2）主要经济鱼类的生长与年龄的关系：运用 FiSAT Ⅱ 软件中 ELEFAN 技术中的 vonBertalanffy 生长方程拟合生长，生长过程的特征变化则采用生长速度和生长加速度来描述，即

$$L_t=L\infty\{1-\mathrm{e}\left[-k\left(t-t_0\right)\right]\}$$

$$W_t=W\infty\{\left[1-\mathrm{e}-k\left(t-t_0\right)\right]\}b$$

式中：L_t 为 t 龄时的体长；$L\infty$ 和 k 分别表示渐近体长和生长速率；t_0为理论生长初始年龄（a），W_t 为 t 龄对应的鱼体重量（g），$W\infty$ 为鱼体的渐近重量（g）。

根据 Pauly 经验公式估算理论生长初始年龄 t_0：$\ln\left(-t_0\right)=-0.3922-0.2752\ln L\infty-1.038\ln k$。

3）经济鱼类肥满度估算：

$$K=(W/L^3)\times 100$$

式中：W 为平均体重（g）；L 为平均体长（cm）。

4）大泉沟水库鱼类放养结构模式推测：收集大泉沟水库近6年库区鱼类的投放量与捕获量，并统计分析数据，数据由大泉沟水库库区管理人员提供。为保护水质，不进行人工投放饲料，仅靠水库天然饵料生长，通过本研究估算出的天然饵料渔产潜力推算出大泉沟水库应合理放养鲢、鳙鱼苗。推算公式如下：

$$鲢的合理放养量=\frac{鲢生产潜力}{鲢出水平均重量}\times\frac{1}{鲢回捕率}$$

$$鳙的合理放养量=\frac{鳙生产潜力}{鳙出水平均重量}\times\frac{1}{鳙回捕率}$$

根据本次的渔获物分析情况，鲢鱼的出水平均体重为3.02 kg，鳙的出水平均体重为2.1 kg。同时假定鲢鱼、鳙鱼的回捕率分别为20%、25%，推算出白鲢、花鲢的合理放养量分别为33.90万尾、25.51万尾，该水库白鲢、花鲢理论合理放养量共计为59.41万尾，白鲢和花鲢的合理放养量比值约为1.33∶1。

通过对大泉沟水库近6年的鱼类放养结构统计分析，发现水库在放养结构上随意性比较大，总体呈现投放量下降趋势，水库白鲢的夏花投放量比较大，最大值是2013年的321.4万尾，且每年投放不均，其他经济鱼类投放量较少，尤其是鲫鱼，基本上没有进行夏花鱼苗的投放，同时通过比较水库捕捞量与放养量的关系，发现捕捞量与放养量之间不成正比，年均放养鱼苗量达到64.96 t，放养鱼类夏花量到达132.75万尾，可见其放养量之高，但统计其年均捕获量却只有133.70 t。这可能由以下几种原因造成：

鱼苗的规格大小不一，库区存在一定数量的凶猛鱼类，对规格较小的鱼苗危害较大，尤其是夏花规格仅在2.5~3.5 cm，一方面存活率低，另一方面很容易成为凶猛鱼类的食物。

在投放鱼苗时没有科学合理地搭配鱼苗数量以及鱼苗种类，多是将市场因素或孵化鱼苗经售卖后剩余鱼苗量作为导向对大泉沟水库进行鱼苗的投放工作。

在投放鱼苗时，选择春季投放和秋季投放两个时间段进行，并且每次投放的量随意性相对较大，春季水库饵料资源属于较少阶段，且水温较低，可能会降低鱼苗的成活率。

该水库承担着蓄水灌溉的重要作用，根据农田用水需要或水位高位预警会进行开闸放水，这个过程有可能导致较小规格的鱼苗或夏花大量流失。

在渔获物的年龄组成中存在高龄鱼，说明水库养殖存在“压塘压库”现象，高龄鱼生长缓慢，饵料资源消耗大，大大降低水库的渔业生产力。

库区水产品出售存在制约性，通常都是市场有需求，水库养殖人员才会根据市场需求量进行捕捞，所以捕捞量并不等于实际养殖量，这可能是理论数据与实际数据相差较大的一个重要原因之一。

5. 大泉沟水库生态渔业增殖建议　根据此次调查及分析、计算，该水库的天然饵料生物的鱼产力约为 338.70 t，在不使水库水质富营养化又保持现有水体营养水平的前提下，应将鲢鱼、鳙鱼的最高产量设计为 300 t 较为合适。在放养种类选择上，主要以鲢鱼、鳙鱼为主，鲤鱼和鲫鱼为辅。鲢鱼、鳙鱼生长迅速，经济价值较高，天然饵料生物资源丰富，苗种来源较易解决，浮游生物、腐屑和细菌都是其天然食物资源，是较理想的放养对象，也是我国水库渔业的特色及成熟的放养技术措施之一。由于底栖动物采集样品量不足，无法科学合理地估算出吃食性鱼类鲤鱼、鲫鱼的合理放养量，但通过渔获物肥满度技术结果显示，鲤鱼、鲫鱼在该水库的肥满度值均较大，说明其生长状况良好，关于鲤鱼、鲫鱼的合理放养量有必要做进一步深入研究。随着鲢鱼放养比例的提高，鳙鱼的比例就下降，使得浮游植物被鱼类的利用大为提高，大部分直接为鲢鱼利用，因而该水库浮游动物量可能会降低，所以降低鳙鱼的投放量是较为合理的。同时，浮游植物量的减少，减缓了水库富营养化的趋势。

本次调查发现大型凶猛鱼类翘嘴红鲌和梭鲈也比较多。翘嘴红鲌体长大于 50 cm 的个体较少，多数体长在 30 cm 以下，对放养的体长 13~14 cm 的鲢鱼、鳙鱼、鲤鱼、鲫鱼鱼种已不构成危害。所以建议水库工作人员在放养鲢、鳙鱼种时可考虑适当放养体长较大的鱼苗，一方面增加鱼苗的存活率，另一方面减少凶猛鱼类的危害。梭鲈体长分布不均，相对来说对鱼苗的危害范围较大，但其数量并不太大。所以建议水库工作人员在投放鱼苗时考虑凶猛鱼类的因素，争取将其危害降到最低，确保渔业顺利增产。在采样期间发现，水库长期采用网阵式进行捕捞，建议在捕捞规格上进行严格的把控，将捕捞的低龄鱼放回水库继续养殖，根据本研究的理论数据，建议白鲢的适宜捕捞年龄为 4 龄；花鲢的适宜捕捞年龄为 3 龄。

针对水库放养模式目前可能存在的问题，并结合此次调查估算出的浮游生物鱼产潜力以及推算出的合理放养量，给出以下几点理论性的鱼类放养结构优化建议：

（1）在鱼苗放养规格上，应选择 13~14 cm 的鱼苗，此类鱼苗具有成活率高，摄食性较好，经济效益好，减少凶猛鱼类的伤害等优势。

（2）在鱼苗放养种类结构上，现阶段主要选择白鲢、花鲢两大主要经济鱼种按照 1.6：1 的比例进行投放。根据渔获物肥满度分析结果显示，建议可适当选择鲤鱼、鲫鱼两种鱼种进行辅助放养。

（3）在鱼苗放养数量上，通过白鲢、花鲢的合理放养量估算结果显示，建议水库投放白鲢、花鲢的鱼苗量分别为 33.90 万尾、25.51 万尾。

（4）在鱼苗放养时间和方式上，建议选择在水温慢慢回升的 4 月底以及 5 月初的时间段进行分次投放，及时观察鱼苗的成活状况，同时在投放鱼苗之前，应对水库现存的成品鱼进行及时捕捞，给新的鱼苗腾出生存空间以及饵料资源。

（5）在成品鱼捕捞上，根据白鲢、花鲢的生长描述方程的推算结果，白鲢在 4 龄时最适宜捕捞，花鲢在 3 龄时最适宜捕捞。

（6）在养殖管理方面，注意鱼病的防治，及时对水质理化因子以及鱼的生长情况进行监测，发现问题及时解决，同时预防偷鱼、电鱼、炸鱼等不法行为的发生，还可以增加网箱、网拦养鱼方法，以提高效益。

第四节　大水面渔业品牌建设技术

一、发展水产品品牌的意义

品牌一词源于希腊语，是指烙铁在马匹身上烙下的印记，后来这种以特殊标记表明物品所有权的方法被广泛应用于区分各种私有物品。品牌拥有知名度和美誉度等社会因素，因而拥有品牌的优质产品及服务能借此占有较大市场份额，或同质产品卖出更高的价格。品牌以产品或服务为载体，但又可独立于产品或服务而存在。对企业而言，其产品或服务可因技术变革而更新换代，但其品牌却相对不变，是企业价值得以持续的支柱。

作为商品的一种特殊形态，水产品品牌发展水平整体滞后于工业品，但也处于品牌化进程中。从实践来看，水产品品牌发展进程相对缓慢，我国水产品消费市场上依然充斥着大量无品牌水产品。有些企业虽认识到品牌的重要性，但并未真正从“流通”为主导的惯性营销思维向品牌营销思维转变。另外，部分企业资金实力有限，因此即使有少量投入，也大多局限于通过广告提供水产品信息，难以有效创建品牌。现代社会越来越多年轻人追求生活品质，品牌消费意识不断提升，因此当其在水产品消费中品牌趋向越发集中，且品牌水产品支付费用明显增加时，我国水产品市场机会将更狭小，水产品企业发展将更艰难。从这一角度看，发展我国水产品品牌，改变外来品牌在我国渔业众多细分市场中一家独大的现状，具有相当的紧迫性与现实意义。

二、我国主要水产品品牌发展现状

我国是拥有 14 亿多消费人口的大国，且经济快速增长，是世界上最主要的水产品生产国和消费国之一。我国居民人均水产品消费已超过禽蛋，仅次于猪肉，处于副食品消费的核心地位。与居民膳食结构改变与发展趋势相适应的是，我国水产品市场涌现出“龙霸”对虾、“大湖”冰川鱼、“淳牌”有机鱼、“獐子岛”海参、“洪泽湖牌”小龙虾等一大批品牌，且近几年品牌发展迅速。但相对于我国上万亿规模的水产品消费市场和行业内数十万家从业企业来说，这些品牌无论是从其数量而言，还是从其市场份额来说，都显得微不足道——我国水产品品牌还有非常大的发展空间。

从水产品市场现有的品牌来看，我国现有水产品品牌可以区分为两大类型，即区域公用水产品品牌和企业私有水产品品牌。区域公用水产品品牌在各地政府或行业协会的推动下最近几年发展迅速，申请和注册数量不断增加，目前已接近 300 个。企业私有水产品品牌为企业独立注册、拥有，最近几年也蓬勃发展，数量众多。区域公用水产品品牌和企业私有水产品品牌既相互独立，又融合发展，呈现了不同的特征。其特征如下：

1. 区域公用水产品品牌　区域公用水产品品牌主要是指在农业农村部、国家市场监督管理总局以及国家知识产权局商标局三部门注册的地理标志性品牌，主要适用于区域性明显的非深加工水产品，大多采用“区域名称+品类名称”命名，是典型的品类品牌。由于该类品牌背后具有明显的当地政府影子，因此，在传播方式、传播手段等方面偏重于节庆宣传，且喜欢举办开捕节、美食节以及鱼王拍卖节等。在传播媒介上喜欢使用当地媒体比如地方报纸、电视台等，举办面向当地的新闻发布会。由于其品牌传播面向当地，品牌影响大多也局限于当地，难以突破区域的限制。

浙江大学中国农业品牌研究中心“2015 年中国农产品区域公用品牌价值百强榜”中，前十强中没有水产品品牌，且百强中仅有盱眙龙虾、威海刺参、舟山带鱼、洪泽湖大闸蟹、黄河口大闸蟹 5 个入选，与水产品在副食品中的核心地位不相称。排名靠前（第 11 位）的盱眙龙虾品牌价值（51. 78 亿元）为排名第 1 位的涪陵榨菜品牌价值（138. 78 亿元）的 37. 31%。可见区域公用水产品品牌价值显然与其既有的品牌知名度和市场影响力并不相称，还具有较大提升空间。

2. 企业私有水产品品牌　企业私有水产品品牌为数众多，主要适用于初级或深加工水产品。从类型上看，又可以分为产品品牌和企业品牌。比如，泓膏、上品堂、长生岛属于企业私有的产品品牌，而棒棰岛等则属于企业私有的与企业同名的企业品牌。企业私有水产品品牌商标注册多，但著名品牌少；同时，部分水产企业将商标等同于市场品牌。总体上，这类水产品品牌发展进程缓慢，进入公众品牌序列的水产品品牌较少。通威鱼从 2002 年开始实施品牌化战略，但直到如今，无论是公众知名度还是实际的终端占有型、消费者购买型，通威鱼都没有真正进入公众品牌序列，其品牌传播到目前为止也依然以小圈子小范围宣传居多。

国联水产是我国水产行业的标杆型企业，但其企业品牌发展现状依然是“墙外开花墙内不香”，其对虾、罗非鱼等产品远销海外，年出口创汇超 1 亿美元。其中，对虾占我国出口美国市场同类产品总额的 40%，居国内同行首位，是全球两家输美对虾反倾销“零关税”企业之一，内地首家供港活虾企业，但其品牌在国内市场影响力却与其行业地位不相称。根本原因在于，在国内市场上国联水产生产销售的罗非鱼产品系列、调理食品系列、虾（鱼）糜制品系列等水产品品牌未摆脱传统渠道品牌的做法，且在终端市场以国联水产、GUOLIAN、龙霸、国美、O’GOOD、I’COOK、O’FRESH 等众多品牌销售，造成了各品牌形象不统一、市场影响力小，以及品牌个性难以形成的弊端，并最终给其品牌发展带来了不利影响。另外，从购买决策角度看，消费者在消费水产品时其购买决策的主要依据依然是水产品新鲜度、价格、药物残留等指标，品牌在其购买决策中并没有支配性地位，这在一定程度上降低了水产品品牌的增值效应，甚至挫伤了部分生产经营者品牌建设的积极性。同时，由于品牌建设需要系统规划和长期投入，且其品牌增值效应难以立即显现，因此，这对主要由分散经营且自身实力有限的中小微企业甚至个体户构成的水产行业来说，品牌发展和推广将更加艰难。

三、我国主要水产品品牌发展面临的基本问题

我国水产品品牌发展存在的问题既与水产行业自身的特性有关，又与品牌所在企业或运营方的品牌理念与运营方式有关。

1. 私有水产品品牌的发展性问题 从私有水产品品牌的所有者或运营方来看，部分水产企业虽然注册了商标，并通过这一商标对其养殖或加工的水产品与其竞争企业进行了初步区分，但

是，从其商业模式来看，相当一部分水产企业并没有从传统靠“水”获取利润的方式转向靠品牌获取利润的方式上来。部分水产企业虽然期望通过塑造品牌获取更多的市场价值，但无奈其品牌市场份额和影响力太小，难以真正进入公众品牌序列，因此其品牌溢价有限，在一定程度上也挫伤了其发展品牌的积极性。从广告投入来看，私有企业水产品广告总量偏少，水产品广告结构也不合理，与中国巨大的水产品产量相比极不相称。在现有的品牌传播中，大部分水产品广告集中于传播深加工水产品如火锅类的鱼丸、蟹棒或是一些保健用品如深海鱼油之类，而对初级水产品的广告投入则不够重视。上述发展问题的累积，造成了我国水产业发展水平与市场化进程断层，品牌运营与消费难以有效对接的困境。

2. 区域公用水产品品牌的发展性问题 许多学者在研究区域公用水产品品牌的发展性问题时，都聚焦在区域公用水产品品牌的公地悲剧问题或区域内企业的搭便车问题。但是，新西兰奇异果和加州杏仁的成功说明这一问题是可以解决的，我国千岛湖“淳牌”有机鱼的成功同样也为我们解决这一问题提供了有益的借鉴和思考。因此，从这一角度出发，当我们研究水产品区域公用品牌的发展性问题时，有两个问题不能忽视，一是区域公用品牌运营实体的虚无问题，二是区域公用品牌核心产品的不明确问题。

首先从区域公用品牌运营实体的虚无问题来看，造成这一结果的原因有两个。

(1) 相对于企业私有水产品品牌而言，区域公用水产品品牌公私合作、利益多重构成的特性使得其品牌运营更加复杂（表4-3）。

表 4-3 企业私有水产品品牌与区域公用水产品品牌的比较

企业私有水产品品牌	区域公用水产品品牌
单一构成	多重构成
利益关系集中	利益关系分散
组织复杂性低	组织复杂性高
二级品牌统一	二级品牌不同并且有竞争
私有	公私合作

我们解决区域公用水产品品牌上述运营问题的主流方案是行业协会或专业合作社，但是，从实践来看，我国的这种行业协会或专业合作社不能像新西兰奇异果国际行销公司或加州杏仁商会那样能有效承担起品牌运营的实体职能，这在客观上导致我国区域公用水产品品牌运营实体的虚无。

（2）从区域公用的核心品牌产品来看，我国许多区域公用水产品品牌授权、许可使用的企业太多，客观上造成了区域公用水产品品牌产品、品牌企业指向不明确，导致品牌形象与市场销售秩序混乱的产生，而这又进一步恶化了区域公用水产品品牌的发展。比如生产经营阳澄湖大闸蟹和舟山带鱼的企业有2 000多家，且各企业都以阳澄湖大闸蟹和舟山带鱼为主产品销售其不同规格、标准的产品，导致消费者无法区分和识别，更谈不上品牌特色和个性了。

3. 品牌定位与传播诉求的重叠性问题 无论是私有水产品品牌还是区域公用水产品品牌，在市场传播与沟通中，其品牌定位与传播诉求存在明显的重叠现象，尤其是以优良水质、生态养殖为品牌定位或宣传诉求的居多（表 4-4）。

表 4-4 我国大闸蟹区域公用品牌定位基本情况

地理标志	差异化产品特点	品牌定位
阳澄湖大闸蟹	体大膘肥、肉质膏腻	优良的水质
洪泽湖大闸蟹	个大、色纯、肉满、螯强	水质优良、活水湖
女山湖大闸蟹	脂肥膏满、润甜清香	生态养殖
洪湖大闸蟹	色泽艳丽、膏满肥黄、不含任何激素	水源条件好
石臼湖螃蟹	个大肉嫩、黄多油厚、蟹味鲜美	水质清冽、水草茂盛
梁子湖螃蟹	个大、肚白、肉鲜、味美	全生态养殖
黄陂湖大闸蟹	红膏、体强壮厚实、味道鲜	水质清新无污染、持有优质大螃蟹种
固城湖大闸蟹	肉质肥嫩、鲜美、营养丰富	长江流域大闸蟹洄流线路上最近的湖泊、国家级生态示范区

以广为关注的区域大闸蟹公用品牌为例，无论是阳澄湖大闸蟹，还是洪泽湖大闸蟹或其他大闸蟹，其品牌定位或传播诉求毫无意外地都选择了优良水质、生态养殖，而选择其他品牌定位或传播诉求的几乎没有。我国区域公用水产品品牌塑造的这种千篇一律的做法或者方式客观上导致了品牌塑造或传播效果不佳的结果。

4. 水产品品牌形象的塑造问题 品牌形象是指社会公众对某品牌整体性、全面性的认识和评价，它既包括品牌的功能形象，又包括品牌的象征形象。从消费和用户角度讲，品牌的功能形象就是品牌产品或服务能满足消费者的功能性需求。如照相机，其品牌的功能形象必须是其品牌产品具有留住消费者美好的瞬间的能力。品牌象征形象主要体现在产品品牌蕴含的人生哲理、价值观、审美品位、身份地位等方面，是营销者赋予品牌的并为消费者感知、接受的个性特征。因为消费者对品牌的需求不仅包括了品牌产品本身的功能，也包含了品牌所带来的无形感受、精神寄托。事实上，从消费者的角度来看，一个好的品牌，其形象必然是功能形象与象征形象的完美统一。从这一角度来看，我国相当一部分水产品品牌的品牌形象处于功能形象层面，一些区域公用水产品品牌虽然注重文化因素的导入，但是其品牌个性并不突出，从而限制了其发展。

四、关于我国主要水产品品牌发展的基本建议

无论是对于水产企业还是渔民而言，水产品品牌的经济效应都是非常明显的。千岛湖鲢鳙鱼从无品牌到品牌经营，产品价格从 5 元/kg 提高到了 26. 5 元/kg 甚至更高。中华鳖从无品牌到品牌经营，产品价格从 60～70 元/kg 提高到 120～200 元/kg 甚至更高。因此，当务之急是要有效发展品牌渔业，以品牌促进我国渔业的转型升级，以品牌助推我国水产企业和渔民的效益增收。

1. 尝试通过委托企业经营方式，解决区域公用水产品品牌运营实体的虚无问题 为了改变我国区域公用水产品品牌所有者和运营实体虚无问题，可以尝试借鉴美国加州杏仁商会或我国千岛湖淳牌有机鱼的成功经验，将区域公用水产品品牌的实践、运营由目前的行业协会或专业合作社委托给具有品牌运营能力的第三方渔业企业进行。一方面既可以避免因为运营实体多而造成区域公用水产品品牌运营主体泛化的风险，提升品牌运营效率；另一方面又可以避免因销售秩序混乱给区域公用品牌发展带来的不利影响。

众所周知，千岛湖淳牌有机鱼就是因为委托第三方企业经营而获得良好发展的。正如我们了解的那样，千岛湖除了具有丰富的水电资源，其渔业资源也相当有优势。然而在 2000 年左右，由于体制和市场环境变化，千岛湖渔业却成了一块烫手山芋。为了改变这一局面，1998 年，森林国际旅行社和淳安县新安江开发总公司共同投资成立了杭州千岛湖发展集团有限公司，并独家

拥有千岛湖80万亩水面养殖经营权，主要从事有机鱼的放养、捕捞、加工、销售和餐饮经营，文化创意开发以及岛湖旅游资源的投资开发。2000年，杭州千岛湖发展集团有限公司注册“淳”牌，并将这一品牌与其渔业相联系，命名为淳牌有机鱼，获得意想不到的成功。如今淳牌有机鱼已深入人心，成为广受市场欢迎的水产品品牌。

2. 明确品牌核心产品，突出宣传核心产品，在品牌与核心产品之间建立更加明显的专属对应关系　良好的品牌都具有支持其发展的核心产品，如苹果的iPhone、可口可乐品牌的可口可乐、雀巢的速溶咖啡、娃哈哈的营养快线等。良好水产品品牌同样也离不开相应的核心水产品的支持，这点无论是区域公用水产品品牌，还是企业私有水产品品牌都一样。我国水产品品牌发展的问题在于区域公用水产品品牌没有明确的核心产品，或者没有与核心产品建立明确的专属对应关系。私有水产品品牌的核心产品没有得到应有的重点突出，且与其广告宣传、展示展览存在明显的不一致性。因此，从这一角度来看，我国水产品品牌有效发展首先要解决的问题之一是核心产品的确定与突出宣传问题，并在消费者心目中建立起品牌与核心产品专属对应的关系。

3. 注重品牌人文性格塑造，用文化和创意去呈现品牌，用艺术去使品牌时尚化　水产品是一种天生高度同质的产品，和工业品存在非常大的差异。因此从产品本身物理属性或养殖方式去塑造和传播品牌很难达到预期效果，尤其当大家都这样做时。所以塑造水产品品牌必须摆脱现有的基本模式，立足于消费者主观立场，同时从消费者情感角度去塑造和传播品牌。主观方面，塑造水产品品牌必须以消费者对“自我”重视程度不断提高的现实为基础，从超越物质层面的精神需求寻求品牌性格塑造的方式。在满足消费者“身”和“心”需要的同时加大对消费者“灵”需求的满足。水产品品牌塑造的基本途径要选择与之相适应的方式，尤其要突出品牌所在地文化因素，要通过艺术和创意方式让“土”品牌变得时尚和亲切，使其对新生代消费者有明显亲近感。同时，还应围绕核心产品丰富品牌品类，使水产品品牌发展更为立体、可观，更好地促进水产品品牌发展。如淳牌有机鱼，为丰富其品牌发展，就开发了餐饮类、旅游类及文化类三大产品系列，其中餐饮类包括千岛湖鱼味馆、千岛湖淳鱼宴、金牌有机鱼菜肴；旅游类包括巨网捕鱼、千岛湖鱼拓、放鱼节；文化类包括烹饪大赛、烹饪学校、淳鱼荟萃、桃鱼坊等，既丰富了其重点产品有机鱼的内容，又进一步提升了其品牌的市场影响力。

品牌的最终差别不是科技、功能，而是感性、个性。从消费者角度来说，一个好品牌可达到两个非常好的作用。一是消费者情感外化，也就是把品牌作为一种消费符号，借助品牌向外界传达某种意义的信息，如身份、地位、个性、品位、情趣和认同；二是消费者情感内化，也就是借助于品牌，消费者情感得以宣泄，实现自我交流。我国水产品品牌要变得更加有竞争力，就有必要通过营销组合对品牌名称、标志、产品属性、品牌文化、使用者形象等品牌要素进行提炼，使品牌更具人性化魅力。同时，要站在消费者立场，将娱乐、时尚等现代消费者关注的元素和概念引入水产品品牌设计和发展之中，使水产品品牌紧跟现代“乐趣导向消费”趋势。

五、品牌创建实例——“南湾鱼”品牌创建对渔业经济发展的影响

1.“南湾鱼”品牌创建过程 南湾鱼盛产于有“中原第一湖”美誉的信阳南湾湖，独特的气候条件和优质的水资源孕育出的南湾鱼肉质细嫩、鲜美爽口，年产量达 2 300 t，是道地无公害绿色水产食品。经农业农村部食品质量监督检验测试中心测定，

南湾鱼含有蛋白质、脂肪、人体必需的多种维生素及稀有元素，其中有“抗癌元素”之称的“硒”含量是普通鱼类的6倍以上，呈味核苷酸（肌苷酸、鸟苷酸）的含量达普通鱼类的2~3倍，因而南湾鱼鲜味醇厚、后味绵长。尤其是南湾花鲢鱼，不仅肉质细嫩、肥美可口，而且头部富含脑白金，是倍受欢迎的保健珍品，素有“花鲢美在腹，味在头”之说。此外，南湾花鲢也有很好的药用价值，具有益脑髓、补虚劳、温中益气之功效。

2. “南湾鱼”品牌创建方式

（1）加强源头控制，确保南湾鱼质量安全。一是规范苗种来源，信阳市南湾水库渔业开发有限公司拥有年孵化能力2.5亿尾的省级水产良种繁育基地一座，并有配套鱼种池面积20 hm^2，主要用于孵化水花并培育大规格鱼种。投库鱼种主要依靠公司自繁自养，不足部分由水库库汊养殖户提供，苗种来源清楚，质量追溯途径清晰。二是科学分配投放比例。南湾湖作为信阳市城镇居民饮用水的重要水源地，水库渔业发展的关键在于如何充分发挥鱼类在稳定调控水生态系统中的独特作用，达到水质保护与渔业开发之间的协调统一。公司结合实际，调整了水产养殖的结构和密度，加大了鲢鱼和鳙鱼等生态鱼的投放量，使南湾水库真正走上了“以鱼养水，以水养鱼”的良性循环，促进了南湾水库生态系统的平衡，从而为生产天然有机、优质纯正的南湾鱼提供了保障。

（2）规范南湾鱼标准，推动南湾鱼健康发展。为了规范南湾鱼标准化生产，信阳市南湾水库渔业开发有限公司于2015年修订了《南湾鳙鱼》《南湾鱼　鳙、鲢、青鱼、草鱼生产技术规范》两个省级地方标准。南湾鱼生产技术规范对南湾鱼的产地环境条件、质量标准、生产管理和销售服务的各个环节逐一进行了规范，为南湾鱼的标准化管理健康发展提供了科学依据，为“南湾鱼”的品牌创建提供了有力的保障依据。

(3) 实行定点专卖，树立生态有机品牌。生产天然、有机的南湾鱼是信阳市南湾水库渔业开发有限公司追求的目标，为了保护南湾鱼的品质和消费者的利益，让广大消费者吃上正宗的南湾鱼，公司对所有鱼产品实行了定点专卖，在信阳、郑州及北京共设有 6 家专卖店。此外，公司每年定期邀请专门的检测机构对南湾鱼有机生产过程进行评估检验，并提出相应的建议和要求，让“南湾鱼”的有机品牌在检验中得到更快更好的发展。

(4) 严格质量监控，实施全程动态检测跟踪。信阳市南湾水库渔业开发有限公司在 2015 年建成了南湾鱼质量追溯系统建设项目，项目利用先进的物联网技术和工具，通过普通二维条码、RFID 标签等方式对南湾鱼赋予“身份证”——追溯码，实现一鱼一码，对南湾鱼的生产、仓储、分销、物流运输、消费者等环节进行数据采集跟踪，实现南湾鱼生产环节、销售环节、流通环节、服务环节的全生命周期管理。作为河南省首家水产品质量追溯系统，建成投入使用后，可以使南湾鱼实现“从养殖到餐桌”全过程的跟踪和追溯，包括运输、包装、销售等流通过程中的全部信息，不仅能够有效防止其他伪劣鱼产品冒充，影响南湾鱼产品口碑，同时对增强消费者的安全感，提高南湾鱼的市场竞争力，提升信阳市乃至整个河南省的水产业竞争优势都具有示范性意义。

(5) 加强营销宣传，提升市场知名度。南湾鱼作为信阳市特色产品，以其独特的优良品质深受消费者的青睐，始终坚持“以人为本，以客为尊”的诚信服务理念，强化南湾鱼的营销宣传。一是依托南湾鱼的品质优势，加强与各种媒体合作，借助新型媒体的广阔空间，对南湾鱼做有关专题报道，树立南湾鱼在人们心目中的良好形象。二是积极参加各种交易会、展览会和博览会及相关活动，提高南湾鱼的品牌知名度和美誉度。三是以信阳茶文化节为契机，通过举办“南湾鱼烹饪大赛”，为消费者提供南湾鱼独特的烹饪食用方法。其中，部分作品已被收录到《中国信阳菜》中，并与信阳市及其他大中城市知名酒店、宾馆建立稳定的合作关系，不断推出南湾鱼特色菜肴，促进了南湾鱼的消费，实现了双赢。四是利用节假日及销售旺季，开展多种形式的促销活动，拓展南湾鱼的销售渠道。五是深挖南湾鱼文化内涵，让南湾鱼的美誉度流传于大街小巷，深深根植于消费者心中。通过有效的市场运作，南湾鱼的优良品质赢得了消费者的称赞。目前，南湾鱼产品销售网络不仅覆盖了河南省的主要地市，其产品还远销武汉、上海、北京、山东、黑龙江、浙江、福建等二十多个省（区、市）。

3. “南湾鱼”品牌创建成果　天然、绿色、有机的南湾鱼为品牌建设打下了良好的基础。公司先后通过了国际质量管理标准体系（ISO9001）、国际环境管理标准体系（ISO140001）、无公害水产品生产基地、无公害农产品标记、原产地标记、有机产品等认证；荣获了第十三届、十四届中国国际农产品交易会产品金奖，2017中国国际现代渔业暨渔业科技博览会金奖，2018年“中国水产明星水产品”，以及国家级标准化示范基地、全国休闲渔业示范基地、河南省名牌产品、河南十大特色农副土特产品、河南餐饮首批放心食材供应商、河南餐饮年度诚信供应商、河南省五一巾帼标兵岗等荣誉称号。2018年10月，“南湾鱼”商标经国家知识产权局商标局认定为驰名商标，进一步充分肯定了“南湾鱼”品牌。通过多年坚持不懈的品牌建设，“南湾鱼”已逐渐成为河南水产一张亮丽的名片。

近年来，信阳市南湾水库渔业开发有限公司在“养殖+生产+销售”的一体化产业效应下强化品牌意识，大力实施品牌战略，不断提高“南湾鱼”品牌的市场竞争力，由最初的信阳鱼店到后来的郑州鱼店，再到北京鱼店，正在一步步地将“南湾鱼”推广出去，让南湾鱼走进千家万户。2009年“南湾鱼”获得国家市场监督管理总局（现国家市场监督管理总局）商标注册，由信阳市南湾水库渔业开发有限公司全面负责其渔业资源保护、渔业增养殖、渔业生产经营开发及管理工作。目前，公司拥有可养殖水面 4 666.7 hm^2，实现年产各类水产品 1 200 t 以上，年产值 2 000 万元的良好收益，对公司的发展起到了强有力的推动作用。

在“南湾鱼”品牌影响力下，信阳市南湾水库渔业开发有限公司无论是在经济还是实力等方面都得到了快速发展，2018 年被河南省人民政府认定为“信阳南湾鱼水产品产业化集群”，2022 年被河南省农业农村厅认定为“河南省农业产业化联合体”，这充分彰显了“南湾鱼”品牌影响力之大。同时，公司还积极带动其他中小企业和合作社的发展，为它们制定渔业生产标准，规划产业结构布局，调配生产资料，提供生产技术指导服务。同时，还负责优质新品种、新技术的研发，引进试验及示范推广，水产品质量检测，并以优于市场价收购水产品，让企业和合作社的销售无后顾之忧。

另外，信阳市南湾水库渔业开发有限公司积极响应国家扶贫号召，在“南湾鱼”品牌的影响力下，积极开展与周边个体养殖户的长期合作，不仅为他们提供了优质的苗种来源，专业的技术支持，而且还负责他们水产品的销售，实现“苗种+技术+销售”一体化模式，真正带动了更多的农户脱贫致富，丰富了信阳人民的“菜篮子”。

4.“南湾鱼”品牌未来的发展 信阳市南湾水库渔业开发有限公司经过多年的努力和发展，成功创建了属于自己的“南湾鱼”品牌，渔业经济也由过去的传统、单一模式逐渐转变为现在的产业化、规模化。但是面对现代市场的快速发展和消费者的多样化需求，“南湾鱼”在未来发展过程中也需要做出相应的策略。

（1）多样化的生产方式：为了保障广大消费者吃上正宗的

南湾鱼，南湾鱼专卖店只销售鲜活鱼，这让南湾鱼的生产受到限制，但随着科学技术的进步以及先进的生产设备和加工技术的引进，我国水产品加工技术迅速崛起，南湾鱼也需要适应市场的需要，在销售鲜活鱼的同时，开展工厂化的生产，建立一个包括渔业制冷和冷冻品、干制品、鱼糜及其相关制品、罐头、腌制品、鱼粉、鱼油、藻类食品、医药化工和保健品等系列产品加工体系，让南湾鱼以更丰富的产品形态出现在人们的日常生活中。

（2）信息化的电商渠道：目前，信阳市南湾水库渔业开发有限公司共设有包括信阳、郑州、北京在内的6家专卖店，实行定点专卖。但在信息化时代，电子商务发展迅速，国家出台各项政策的支持，生鲜农产品电商环境不断优化，这极大地激发了水产品电商的投资热情。而在所有的水产品中，鲜活的水产品最受消费者青睐。南湾鱼目前只实行实体销售，主要是因为鲜活水产品易损、易耗、易腐等特点，使得鲜活水产品保鲜难，运输难，从而制约了公司开展电子商务活动，但是随着未来新技术、新方法的发现，南湾鱼的电商营销势在必行，而“南湾鱼”品牌传播会更广。

（3）多元化的名优水产品：在养殖资金短缺、专业技术人才稀少、相关设备缺乏等情况下，南湾水库养殖品种主要是鳙鱼和鲢鱼，另外有少量的鲴鱼、黄颡鱼、草鱼等杂鱼，因此养殖名优水产品是未来发展的必经之路。一方面，随着人们生活水平的提高，消费能力不断增强，消费观念不断改变的情况下，名优水产品以肉质好、营养价值高等特点，更受消费者的青睐。另一方面，名优水产品由于养殖规模、数量有限，在同等市场条件下，比普通鱼类价格上要高出很多，这为养殖生产者带来了更大的经济收益。如果未来南湾水库在现有的基础上养殖名优水产品，那么“南湾鱼”品牌将会再上一个新的台阶。

第五章　特种水产动物池塘健康养殖技术

我国是世界上从事水产养殖历史最悠久的国家之一，养殖经验丰富，养殖技术普及。改革开放以来，我国水产养殖业得到了迅猛发展，产业布局发生了重大变化，从沿海等传统养殖区发展到全国各地。由于地域限制，一直以来，在我国中原及北方地区，都以鲤鱼、草鱼等鱼类为主养品种。近年来，随着生活水平的提高，人们对水产品的需求逐渐增长，养殖技术也逐渐由池塘养殖转变为多种类型水体养殖，养殖品种高达几十种。

随着我国水产养殖业的高速发展，落后的养殖理念及养殖技术，各种投入品、残饵及水产动物的排泄物等长时间积累，严重破坏了养殖水体的生态平衡，使其失去了自然调节功能，导致经常暴发大规模病害，给养殖户带来了严重的损失。

在本章，我们对目前养殖量较高的加州鲈鱼、斑点叉尾鮰、虹鳟、河蟹、小龙虾、黑斑蛙等的池塘健康养殖技术进行简要介绍，以期能对养殖户有所帮助。

第一节　加州鲈鱼池塘健康养殖技术

加州鲈鱼，学名大口黑鲈（*Micropterus salmoides*），又名大嘴鲈、黑鲈、鲈鱼，属鲈形目，是一种常见的经济鱼类，原产于美国加利福尼亚州。加州鲈鱼肉质鲜美细嫩，无肌间刺，富含蛋白质、维生素、铁等营养物质，深受消费者欢迎。加州鲈鱼适应性强、病害少、生长迅速、养殖效益高，目前在世界各地均有养殖。

近年来，随着消费量的增加，国内加州鲈鱼的养殖量也大幅增加，加州鲈鱼俨然成为一种效益相当可观的新兴品种。但是，由于全国各地放苗时间间隔较小，新鱼上市时间也就相对集中，加之市场对成鱼规格的要求越来越严格，导致加州鲈鱼养殖效益逐年下降。但是，只要我们根据加州鲈鱼的生活习性，合理规划、科学管理，加州鲈鱼依然是目前效益较高的一种经济鱼类。

一、加州鲈鱼的生活习性

加州鲈鱼喜欢混浊度低的静水环境，主要栖息在水温较暖的湖泊与池塘浅水处，尤其喜欢群栖于清洁的缓流水中，经人工养殖驯化，已能适应稍微肥沃的水质。在池塘中一般活动于中下层，有占地习性，活动范围较小，常藏身于植物丛中，雄性还会挖掘巢穴。

加州鲈鱼的适温范围较广，水温 1~36 ℃范围内均能生存，10 ℃以上开始摄食，最适水温为 20~30 ℃。加州鲈鱼不如鲤鱼、草鱼等耐低氧能力强，正常生活要求溶解氧 3 mg/L 以上，溶解氧低于 2 mg/L 时幼鱼出现浮头。加州鲈鱼对盐度适应范围较广，不但可以在淡水中生活，还能在含盐量 10% 以内的咸淡水中生活。

加州鲈鱼是以动物性食物为主的杂食性鱼类，开口饵料为轮虫和无节幼体，稚鱼主要以枝角类为食，幼鱼主要以桡足类为食，长 3~4 cm 的幼鱼开始主动摄食小鱼。加州鲈鱼掠食性较强、摄食量大，在食物缺乏时，常出现自相残食现象。人工饲养时，经驯化可全程投喂全价配合饲料。当池塘水质良好、水温 25 ℃以上时，幼鱼摄食量可达本身体重的50%，成鱼可达20%；当池塘水温过低、过于混浊或水面风浪较大时，会停止摄食。加州鲈鱼生长较快，当年繁殖的鱼苗能长到 0.5 kg 以上，达到上市规格。

二、加州鲈鱼的池塘养殖条件

加州鲈鱼的鱼塘选址要求水源充足，水质良好、无污染，溶氧丰富，排灌方便，如靠近江河、湖、水库等。池塘水深 1.5 m 以上，水温 20～30 ℃为宜，通风透光，土堤或水泥堤均可，但底质以土质为宜，池底平坦并略向排水口倾斜。池塘东西走向，排灌水口要相对而设，并加设防逃装置。若放养的鱼苗较小，还应在池面加设渔网，防止鸟害。

池塘面积不宜过大，要尽量保持适中，一般以 8～12 亩大小、2 m 深左右的养殖池塘较为合适；面积过大不宜生产操作，面积过小难以保证产量。

由于鲈鱼不耐低氧，为保证水体溶氧量，池塘要配备充足的增氧设备。

三、苗种放养

加州鲈鱼一般在体长 6 cm 时互相残杀非常严重，且鲈鱼苗必须经过驯化后才能放入成鱼池，建议放养 10 cm 左右的鲈鱼苗种，以提高鱼苗成活率。放养时要选择大小均匀、反应灵敏、无病无伤的鱼苗，规格尽量整齐以免相互蚕食，放养密度以每亩2 000～3 000尾为宜，每亩可搭配大规格鳙鱼 40 尾、鲢鱼 20 尾、鲫鱼 100 尾，以利于调节水质并充分利用水体，增加养殖效益。

放苗前半个月提前用生石灰或者漂白粉对鱼塘进行彻底消毒。在 3 月底至 4 月初选择天气晴朗的日子放苗，每亩投放 40～

60 尾/kg 的鱼苗 2 500 尾左右，切忌刻意追求亩产量而过度放苗。若每亩投放 3 000 尾左右，会导致成鱼上市较晚，规格偏小、价格低，效益反而不如投放 2 000 尾的鱼塘。放苗前 10 天使用 80 目的纱网过滤加水，水深加至 1 m 左右，并保证池水的透明度在 25～30 cm。放苗结束后要及时消毒，以预防水霉病和热身病。

四、饲养管理

鲈鱼为底栖性鱼类，喜欢在清洁、溶氧较高的水体中生活。养殖过程中要做到“三勤”，即勤巡塘、勤加水、勤开增氧机，同时保持水质清新、溶氧丰富，避免水质过肥导致水质恶化。

鲈鱼具有暴食习惯，日常饲喂中要注意观察鲈鱼的进食情况以及鱼体的外形变化，适当控制投饵率。每天在日出前及日落前分别投喂 1 次，前期鱼体较小时可按鱼体重的 2%～2.5%投喂，后期随鱼体长大可按鱼体重的 1.5%～2%投喂，坚持多食多投、少食少投、不食不投的原则，根据摄食情况、天气情况、水环境变化情况进行适当调整，并做到定时、定点投喂。白天注意观察摄食情况，如遇特殊情况及时调整投喂量。另外，由于鲈鱼对糖类的代谢能力差，鲈鱼饲料的蛋白含量较高，在日常投喂中定期添加一些胆汁酸或者保护肝胆的中草药，帮助鲈鱼代谢掉体内积累的糖类和脂肪，增强体质。

夏季高温季节，随着水温超过 30 ℃，鲈鱼的摄食量大大减少，要加强巡塘、及时调整投喂量，有条件的鱼塘可以在鱼池上方搭设遮阳网，全天开增氧机，保持鱼池溶氧充足，辅助鲈鱼顺利度夏。由于夏秋季节极易引起水质过肥，尤其要注意定期加注新水，使用 EM 菌、芽孢杆菌等微生态制剂调节水质，保持池水透明度，维持鱼体健康。此外，高密度养殖会造成池塘底部堆积大量的残饵和排泄物，有害物分解会大量消耗水中氧气，尤其是在高温天气更为严重，这是鱼病产生的重要原因，适当使用一些芽孢杆菌等生物制剂，让有益菌群分解水中的氨氮和亚硝酸盐，保持良好水质的同时，还可以诱使鲈鱼相对增加一些采食。

加州鲈鱼喜欢清洁安静的环境，吃剩的饲料、塘边的杂草以及水面的垃圾要及时清除，尽量保持周围环境的安静，每天除投喂和巡塘外，一般不要过多打扰，减少惊吓，以利其生长。

五、病害防治

加州鲈鱼抗病能力相对较强，在引进初期基本不患病，而后随着池塘高密度养殖的发展，养殖环境不断受到破坏，病害问题也日渐凸显。鲈鱼在人工高密度养殖条件下病害发生多是由于体内脂肪和糖类堆积引起的代谢受阻、肝脏病变，或者水体恶化造成鱼体与水体的物质交换受阻而引起的。因此，日常管理中必须加强病害预防，做到合理投喂，定期对养殖池塘、食台进行药物消毒，适量在饲料中添加维生素和保肝利胆的药物，经常在水体中投放益生菌保持水质，定期对鱼苗进行打氧，经常检查鱼体的健康状况。日常巡塘注意有无鲈鱼在水面漫游、爬边等现象，一旦发现有少量鱼异常，要及时联系执业渔医，根据处方合理投喂药物，切忌盲目用药，造成大规模疾病的发生。

1. 加州鲈鱼诺卡氏菌病

（1）症状：疾病暴发时的鱼塘，会出现大量鱼在水面缓慢游动，身体发黑。随着病情的进展，病鱼体表皮下形成脓疮，呈现大小不一的软包凸起，进而出现烂身，体表溃烂出血，病灶在背鳍起始位置后侧的区域多见，烂身时从表皮向肌肉腐烂，呈现漏斗状腐烂，病灶常呈红色。病鱼内脏有肉眼可见的大量白色结节，以脾脏和肾脏最为常见，在肝脏上亦常见。遇到台风、暴雨等极端天气，养殖水体理化指标发生较大的变化时，会出现患病鱼大量死亡的现象。加州鲈鱼诺卡氏菌病在 4~11 月均有发生，发病高峰为 5~7 月。

（2）发病原因：诺卡氏菌感染。

（3）防治方法：诺卡氏菌是革兰氏阳性菌，潜伏期较长，从最初感染到发病致死需要20~30天，感染初期症状不明显，当发现有明显症状时，已经有大部分鱼感染发病，治疗的周期较长。在目前允许使用的抗菌药物中，对革兰氏阳性菌敏感的不多，治疗起来较为困难，故此病应以预防为主、治疗为辅。建议在疾病多发期定期打样、解剖，观察鱼的内脏情况，一旦发现鱼体内出现诺卡氏菌的症状，要先进行改底和调水，让水质指标恢复正常，同时内服氟苯尼考加多西环素，搭配三黄散等清热解毒的中草药和黄芪免疫多糖，进行拌料内服治疗。在疾病诊断过程中需要注意的是，诺卡氏菌病与气单胞菌引起的病症较为相似，要注意区分，对症下药。

2. 加州鲈鱼肝胆综合征

（1）症状：主要表现为食欲减退，体色异常，不活跃，逐步有鱼浮游并出现不明原因的死亡；抗应激能力差，无法出鱼、运输。解剖发现病鱼肝脏严重脂肪浸润。

（2）发病原因：通常是由于长期过量投喂，鱼体肝脏长期超负荷运转导致代谢失调甚至紊乱，有毒有害物质在鱼体慢慢积累，进而导致鱼体器官失调和组织损伤。在高密度养殖池塘中发病率较高，一旦投喂量过大，或者饲料中淀粉含量过高，就极易发生。

（3）防治方法：在实际生产中，调控好水质，科学投喂，适量补充加州鲈鱼所需的维生素和微量元素，定期在饲料中添加疏肝利胆的中草药也有一定的预防作用。一旦发病，要及时停料、解毒，用复合碘等外用消毒剂泼洒后，尽快补充有益菌，拌服调肝护肝类药物。

3. 加州鲈鱼虹彩病毒病

（1）症状：病鱼趴边或在水面下暗游，反应缓慢，体表大片溃烂，裸露的肌肉坏死并有出血，尾鳍、胸鳍和背鳍基部红肿溃烂，部分病鱼体色变黑，眼有白内障，或伴有心腔血块聚积，鳃动脉扩张淤血，鳃丝和肝脏发白，少数病鱼螺旋游动。解剖发现肝、脾、肾肿大发白。加州鲈鱼虹彩病毒病近年来有逐渐加剧的趋势且症状变化较大，病症变得复杂化、多样化，死亡率极高。

（2）发病原因：此病主要为蛙属虹彩病毒和细胞肿大属虹彩病毒感染引起，一般在夏季暴发，发病周期长，严重时可以持续1~2个月。

（3）防治方法：在加州鲈鱼的养殖过程中，对于虹彩病毒病的预防，主要还是以提高体质和改善水环境为主。对于已经暴发虹彩病毒病的鱼塘，应第一时间停料2~3天，同时使用聚维酮碘等刺激性小的消毒剂消毒，待病情相对稳定后，可恢复控料投喂，并拌喂抗病毒药物，促进体质恢复。其间务必谨慎杀虫，切忌大量换水或使用具有刺激性药物，以免病情恶化。

4. 加州鲈鱼水霉病

（1）症状：病鱼体表出现棉絮状的菌落，颜色灰白色或淡青色，鱼体虚弱无力，慢慢死亡。

（2）发病原因：主要是水霉和绵霉从鱼体表伤口皮肤侵入，寄生于表皮组织并繁殖蔓延引起的，多为鱼体受伤后感染所致，一般发生在水温较低的冬春季节。

（3）防治方法：此病在特定的环境下容易发生，使池塘环境改变并保持鱼体营养充足，提高鱼体抗病力是最有效的控制措施。放苗前要用生石灰清塘以减少病原体，放苗时要避免造成鱼体损伤，病鱼可用高锰酸钾溶液浸洗2~10分钟，或用800 mg/L的食盐和小苏打合剂（1∶1）全池泼洒。

5. 加州鲈鱼肠炎病

（1）症状：病鱼食欲减退，腹部膨胀，肛门红肿，轻压腹部有黄色黏液流出。解剖可见肠内充满黏状物，肠管呈紫红色，肠内壁上皮细胞坏死脱离，严重者整个腹腔充血，肝脏坏死。

（2）发病原因：此病主要是由于投喂变质饲料或者过量投喂引起的，全年均可发生。

（3）防治方法：投喂新鲜饲料，并注意控制投饵率。定期添加肠道益生菌、免疫多糖到饲料中，增强加州鲈鱼的肠道功能，有助于预防肠炎病的发生。一旦得病，先停料，后用广谱抗菌类药拌饵投喂，3~5 天即可痊愈。

6. 加州鲈鱼烂鳃病

（1）症状：病鱼体色发黑，尤以头部为甚，游动缓慢，对外界刺激反应迟钝，呼吸困难，食欲减退，鳃部黏液增多，鳃丝肿胀，末端糜烂，鱼体消瘦。随着病情恶化，病鱼离群单独游动，反应迟钝，停食，濒死时体色暗淡，口裂张开。

（2）发病原因：此病可由多种因素所致，主要有细菌性烂鳃和由纤毛虫引起的烂鳃，易暴发流行，死亡率高。

（3）治疗方法：放养密度不宜过大，投喂新鲜饲料，经常消毒池塘。一旦发生病情，用抗菌类药物拌饵连续投喂 3 天。

第二节　斑点叉尾鮰池塘健康养殖技术

斑点叉尾鮰（*Ietalurus Punetatus*）又称沟鲶、钳鱼，属鲶形目、鮰科的硬骨鱼类，原产于北美洲大陆，具有适应性广、生长快、抗病力强、骨刺少、肉质鲜美等优点，现为美国主要淡水养殖品种之一，并被广泛引入世界各国。1984 年，斑点叉尾鮰被湖北省水产科学研究所引进后，经过几十年的研究及推广，现在我国大部分地区均有养殖。

一、斑点叉尾鮰的生活习性

斑点叉尾鮰为温水性鱼类，对生态环境适应性较强，栖息于河流、水库、溪流等水域底层，适温范围为0~38 ℃，生长摄食温度为5~36.5 ℃，最适生长温度为18~34 ℃。在溶氧2.5 mg/L以上即能正常生活，溶氧低于0.8 mg/L时开始浮头，正常生长的pH值范围为6.5~8.9，适应盐度为0.02%~0.85%。

斑点叉尾鮰既可在池塘中人工养殖，也可在江河、湖泊、水库等大水面放养，同时也是高密度流水养殖、网箱养殖及工厂化养殖的重要品种，目前我国斑点叉尾鮰的成鱼养殖方式主要为池塘和网箱养殖。

斑点叉尾鮰原属肉食性鱼类，在天然水域中主要摄食底栖生物、水生昆虫、浮游动物、轮虫、有机碎屑及大型藻类等天然饵料，经过驯化后能以植物性饲料为食。斑点叉尾鮰主要以底层摄食为主，且有集群摄食的习惯，但在幼鱼阶段也常到水面摄食。鱼苗在4.5 cm以下时主要摄食浮游动物（轮虫、枝角类、桡足类）、摇蚊幼虫及无节幼体；4.5 cm后开始以配合饲料为食；10 cm到成鱼阶段主要以配合饲料为食。目前在斑点叉尾鮰的人工养殖过程中，无论是鱼苗、鱼种还是成鱼，均可全程摄食配合饲料。

二、斑点叉尾鮰池塘养殖的条件

斑点叉尾鮰池塘要求池底平坦，无淤泥；进、排水系统完善，池塘中间设置排污口，随时可排污；水质清新无污染，光照条件好，以利于水温和溶氧的提高；养殖用水的温度最好能保持在20~34 ℃，盛夏不超过35 ℃，冬季不低于15 ℃，以利于斑点叉尾鮰的正常摄食；视池塘面积大小设置一台或数台增氧机，早、晚及天气异常时及时开机增氧。

鱼苗池要求面积1~2亩，过大则不便于投饵和摄食，水深1~1.5 m；成鱼池面积在5~10亩较合适，水深1.6~2 m；越冬池塘面积以5~8亩为宜，为了防止水温过低导致越冬期间的斑点叉尾鮰被冻伤，在整个越冬期间的池塘水深需要保持在2.0 m以上。

三、苗种放养

鱼苗下塘前10~15天，用生石灰或者漂白粉等对鱼塘进行消毒，然后用有机肥进行肥水，待水中出现大量浮游动物时，将卵黄囊消失后2~3天的鱼苗放入池塘。鱼苗下塘后15天左右每亩搭配规格为4 cm的鲢鱼400~600尾，以维持良好的水质。定期加注新水防止水质恶化。

鱼苗刚下塘的4~5天内不用喂食，或少量投喂混合饲料，长到4.5 cm以后可将粉状配合饲料用水搅拌成团球状投喂，长到6~7 cm时投喂粒径为1.5~2 mm的配合饲料，长到12 cm左右时可使用直径为3.5 mm的颗粒饲料。

目前斑点叉尾鮰成鱼主流的放养模式有两种，如表5-1所示。

表5-1　鮰鱼养殖模式

模式	一年养成		两年养成	
放养种类	投放规格/（尾/0.5 kg）	每亩放养尾数	投放规格/（尾/0.5 kg）	每亩放养尾数
鮰鱼	2~3	2 000~2 500	10~20	3 000~4 000
鲢鱼	1~2	100~250	3~8	300~400
鳙鱼	1~2	30~80	3~6	80~150

四、饲养管理

鮰鱼苗种入池后第2天开始人工投饵驯化，驯化时间每天2~4次，驯化成功后正常投喂。投喂量根据鮰鱼吃食情况进行调整，当80%以上的鱼吃饱时即停止投喂，每次投喂时间在40分钟左右，夜间可增加投喂1次。

根据斑点叉尾鮰群体摄食的习性，投饲宜集中，将饲料直接投喂到鱼池中，投喂范围约占鱼池面积的10%。水温在15~32 ℃时每天上午和下午各投喂1次，投喂量为鱼体重的3%~5%，水温降至13 ℃以下时每天投喂1次，投喂量占鱼体重的1%。

日常加强巡塘，注意鱼类活动情况，做好养殖记录。注意用生物制剂调节水质，定期检查鱼种的规格大小和健康状况，观察池鱼摄食和活动是否正常。根据水质变化和鮰鱼生长情况及时加注新水，每次加水10 cm左右，保持水深1.5 m以上。结合天气和鱼的活动状况，每天中午开启增氧机1~2小时，晚上适时开动增氧机，以防浮头和泛塘。

五、病害防治

在鱼病防治方面，要树立防重于治的思想观念，有病早治，无病早防。每10天左右用漂白粉、二氧化氯、季铵盐络合碘等水体消毒药物全池泼洒一次，浓度参照使用说明书或技术人员的指导。在同一种药物的休药期内不能连续两次使用，以免药物在鱼体内累积残留，并注意隔离病鱼和消毒接触过病鱼的工具。

斑点叉尾鮰虽然抗病力强，但在生产中由于饲养密度大、水质过浓，也会经常发病，常见和危害较大的病害有套肠病、败血症、小瓜虫病、细菌性腐皮病、细菌性出血病、水霉病等，要注意做好疾病的分类和防治工作。

1. 鮰鱼套肠病

（1）症状：发病初期病鱼游动缓慢，靠边或离群独游，食欲减退或丧失，很快发展为各鳍条边缘发白，鳍条基部、下颌及腹部充血、出血。随病程的发展病鱼腹部膨大，体表出现大小不等、色素减退的圆形或椭圆形褪色斑；鳃丝肿胀发白，黏附大量黏液；肛门红肿、外突，有的鱼甚至出现脱肛现象，后肠段的一部分脱出到肛门外；部分鱼垂死时出现头向上、尾向下，垂直悬挂于水体中的特殊姿势，最后沉入水底死亡。解剖发现病鱼腹腔、肠腔内充满大量清亮或淡黄色或含血的腹水，胃肠道黏膜充血、出血，胃肠道内没有食物，常于后肠出现 1～2 个肠套叠，发生套叠和脱肛的肠道明显充血、出血和坏死，部分鱼还可见前肠回缩进入胃内的现象；肝大，颜色变淡发白或呈土黄色，部分鱼可见出血斑，质地变脆，胆囊扩张，胆汁充盈；脾、肾肿大呈紫黑色，有淤血，部分病鱼可见鳔和脂肪充血或出血。

（2）发病原因：多由于投喂变质饲料或者过量投喂引起鮰鱼消化系统不适，进而发生的继发性感染。

（3）防治方法：投喂新鲜不变质饲料，投喂适宜口径的颗粒饲料；坚持少量多次投喂，避免过量投喂，增加投饵量时应渐进进行；定期泼洒底质改良剂，以降解水体和底质中的有害物质；定期泼洒刺激性小的消毒剂，减少水体病原体，控制继发性感染；适时内服酵母粉、多维和三黄粉等药物，以增强鮰鱼体质，调节消化功能；慎用刺激性药物，增加用药量做到循序渐进。一旦发病，全池泼洒聚维酮碘，同时在执业渔医的指示下拌服氟苯尼考或多西环素。

2. 败血症

（1）症状：病鱼鳃丝苍白，全身有细小的红斑或充血，肝脏及其他内脏器官也会有类似斑点，体腔充满带血的体液，后肠肛门常有出血症状，肠内充满带血或淡红色的黏液。病原感染脑部时，病鱼常做环状游动，不久死亡，脑组织形成肉芽肿性炎症；头背颅侧部腐烂，暴露出脑部，出现头穿孔。

（2）发病原因：气单胞菌和爱德华氏菌感染。

（3）防治方法：全池泼洒二氯异氰尿酸钠、二氧化氯等消毒剂溶液。每千克饲料中加入恩诺沙星或者氟苯尼考 100~200 mg 投喂，连用 5~7 天。

3. 小瓜虫病

（1）症状：病鱼消瘦，体色发黑，游动异常，最后因呼吸困难而死。体表、鳃、鳍、口腔等处因小瓜虫的寄生形成 1 mm 以下的白点，当病情严重时会布满小白点，以致表皮糜烂、脱落，甚至蛀鳍、瞎眼。

（2）发病原因：本病由小瓜虫寄生引起，主要为害 100 g 以下鱼种，一般在春、秋季流行，水温 15~20 ℃时为发病高峰期，是鮰鱼养殖生产中最常见、为害最严重的病害之一。

（3）防治方法：平时注意调节水质，提高水体肥度，可有效预防小瓜虫病的发生。一旦暴发立即使用络合铜渔药全池泼洒，不可使用硫酸铜，在晴天上午 9~10 时使用，在治疗时注意观察鱼的活动，防止出现鱼缺氧浮头的现象。

4. 水霉病

（1）症状：病鱼体多黏液，游动迟缓，食欲减退，最后因瘦弱而死。一般因鱼受到损伤引起，病鱼早期无明显症状，当肉眼看到时菌丝已从伤口侵入，并向外长出，似灰白色棉毛状，俗称“生毛”。该病是由真菌感染所致，病原体种类较多，常见的有水霉和绵霉，主要在冬、春季节流行，水温 5~18 ℃发病多，是对鮰鱼为害较严重的一种疾病。

（2）发病原因：主要是鱼体受到损伤后，水霉菌乘虚而入，感染鱼体发病。

（3）防治方法：生产上主要靠提升水环境、提高鱼体免疫力、避免鱼体受伤等方法来预防。一要稳定水体，保证水位，适时增氧，常开增氧机，均衡上下水层的溶解氧，减少因上层水体溶解氧过高引发的气泡病；二要定期调水、改底，减少水体污染，避免出现因含氮有机物过多引起氮气过饱和的情况；三要及时投喂，减少因为饵料缺乏而相互残杀的情况出现，避免鱼体受伤；四要尽可能减少鱼体机械性损伤，拉网、运输等作业时小心操作。一旦发病用五倍子、水杨酸或者硫醚沙星全池泼洒消毒。

5. 细菌性腐皮病

（1）症状：病鱼鳃部损伤，从鳃丝末梢开始出现坏死组织，呈现为褐色，逐渐扩展至基部，受感染的部位，如头、躯干、鳍条出现灰白色或稍呈充血状的腐烂区，严重时出现坏死，皮肤受损，肌肉发炎裸露，严重时可见鱼骨。

（2）发病原因：腐皮病主要由柱状屈挠杆菌感染引起，又称柱形病，生产中多见较大的鱼（500 g 以上）发生此病，并且蔓延很快，主要流行于夏、秋季节水温较高时期，流行极为迅猛，在病症出现的 1~2 天内会引起大量死亡。

（3）防治方法：加强饲养管理，避免鱼体受伤，在温度较高的季节注意勤换水。治疗可以使用硫醚沙星、戊二醛等消毒剂全池泼洒，饵拌恩诺沙星、电解多维等药物，连用 3~5 天。

6. 细菌性出血病

（1）症状：患病鱼离群独游，反应迟钝，摄食减少或不食，口腔、下颌、眼眶四周、鳃丝、鳍基部位明显充血，眼球突出，腹部膨大常有淡黄色或带血的腹水，肛门红肿，肠道充血、出血，肝脏肿大，体色变浅或变白。

（2）发病原因：细菌感染所致，流行于春末夏初和秋季，水温 20~30 ℃时易发病，各种年龄的鱼均可发病，水体中过高的氨氮及低溶氧、高密度、运输和操作不细心等都可诱发本病。

（3）防治方法：在养殖过程中，及时调节水质，做好水体的消毒和改底工作，如定期补充水体中的益生菌，改善水环境，提升鮰鱼抵抗力。一旦发病，首先停料 1 天，使用戊二醛、苯扎溴铵、复合碘等消毒药全池泼洒，之后内服止血抗菌类药物，搭配维生素 K_3，连用 3~5 天。此外，由于斑点叉尾鮰是无鳞鱼，抗应激能力比较差，对许多常用抗菌产品敏感。处理细菌性出血病要慎重，务必严格根据执业渔医处方用药，不得随意增加用量，加倍用药会导致叉尾鮰出现应激性死亡，损失会更大。

第三节　虹鳟池塘健康养殖技术

虹鳟（*Oncorhynchus mykiss*）属鲑形目、鲑科鱼类，誉为“水中人参”，其善跳跃。原产北美洲太平洋沿岸，以及北美洲的山涧、河流中，目前在我国许多地区均有养殖。虹鳟体侧分布有许多黑色小斑点，体侧沿侧线中部有一条宽而鲜艳的紫红色带，延伸至尾鳍基部如同彩虹，生殖期尤为艳丽，因此得名“虹鳟”。性成熟的雄性虹鳟下颌增大，向上弯曲成钩状。

一、虹鳟的生活习性

虹鳟喜栖息于水质清新、水温较低、溶氧较多、流量充沛的水域，生存温度为0~30 ℃，适宜温度为12~18 ℃，最适生长温度16~18 ℃，水温低于7 ℃或高于20 ℃时食欲减退，水温超过24 ℃时停止摄食。虹鳟喜欢逆流水体，水体的刺激可引起虹鳟的运动，加速体内代谢。虹鳟对水中溶氧要求较高，溶氧最好在6 mg/L以上，低于5 mg/L时呼吸频率加快，低于4. 3 mg/L时出现浮头。水质要求，氨氮比低于0. 5 mg/L，pH值为6. 5~8。

虹鳟属于肉食性鱼类，幼体阶段以浮游动物、水生昆虫等为食，成鱼以鱼类、甲壳类、贝类及陆生和水生昆虫为食，也食水生植物叶子和种子。经过长期的人工驯化，虹鳟已由肉食性转为杂食性，在人工养殖条件下，可全程投喂配合饲料，但是在饲料不足的情况下，会出现大鱼吃小鱼的现象。在适宜的条件下，虹鳟的摄食量随水温和溶氧升高而增加，溶氧量在9 mg/L时摄食较多、生长较快。

虹鳟雌雄异体，体外受精，雌鱼 3 龄开始性成熟，雄鱼 2 龄开始性成熟。

二、虹鳟池塘养殖的条件

由于虹鳟对水体溶氧的要求较高，只有在流水的条件下才能满足其溶氧的需求，所以目前我国大部分地区虹鳟的养殖方式主要是流水养殖。养殖场地的选择要求生态良好、水温适宜、水量充沛、水质清新无污染，能够满足虹鳟正常生长、发育、繁殖不同阶段的需要，同时还要有利于生产管理，以提高经济效益。

1. 水质良好清透　水质条件是虹鳟养殖过程中一项重要内容，水质的好坏直接关系到虹鳟养殖生产的成功与失败。虹鳟喜清净而透明的水，水色要清净透明，色度一般低于 30 ℃，水中悬浮物应小于 15 mg/L，水中的化学物质符合渔业用水的部颁标准范围。

2. 全年水温适宜　虹鳟对养殖水温的要求范围为 12～18 ℃，因此要了解一年中气温最高时和最低时的水温指标，最高水温超过 22 ℃即对养殖虹鳟造成威胁，低于 7 ℃则会造成虹鳟食欲减退、生长缓慢。

3. 水源流量充足　虹鳟养殖一般均采取流水高密度饲养法，因此水流量大小限定了养殖水面的规模。一般情况下，600 m^2 养殖水面每秒注水量要达到 100 L 才能保证水的交换量。

4. 排灌交通良好　在水源与水环境满足相应条件的情况下，要充分考虑利用地势造成一定量的落差和流速，尽量做到排灌自流，减少提水动力，以降低生产成本。另外，交通条件、电源动力等也应一并考虑。

5. 池塘建设合理　虹鳟养殖池塘一般分为鱼苗池、稚鱼池、成鱼池和亲鱼池，在实际生产中可以根据需要交替使用。一般采用水泥池，以长方形池较为多用，长宽比例一般为1：（5~8），水流畅通，没有死角，便于饲养管理和捕捞，适于高密度放养。鱼塘排布以并联池塘的饲养效果为佳，为了充分利用水量，通常多采用鱼苗、鱼种池并联形式，亲鱼池、成鱼池采用串联形式，串联形式一般不超过3个。鱼池有进、排水口，并安装拦鱼网，池底平坦但有一定的坡度，便于清理污物。为利于控制水量，虹鳟池塘一般设置三道闸门：第一道为拦鱼闸；第二道为底排水闸，控制底部15~20 cm处排水；第三道为水位控制闸。鱼塘的大小要根据实际情况来确定，一般鱼苗池面积10~30 m^2，水深20~40 cm；幼鱼池面积50~100 m^2，水深40~60 cm；成鱼池面积100~200 m^2，水深60~80 cm；亲鱼池面积100~300 m^2，水深80~100 cm；鱼池应高出水面20~30 cm。

三、饲养管理

1. 仔鱼期饲养　刚孵出的虹鳟仔鱼很嫩弱，趋暗怕光，活动缓慢，因有卵黄囊供给营养，此时不需投饵。当卵黄囊吸收2/3以上至大部分仔鱼开始上浮觅食，此时要及时投喂营养丰富而且容易消化的食物，否则容易引起黑瘪病造成死亡。上浮稚鱼开食的最初一个月，鱼苗分散、不集群、索饵能力差，是虹鳟养殖中难度最大、技术性最强的阶段，这一阶段首先要注重成活率，其次才是成长。开食后主要投喂鸡蛋黄、水蚤、丝蚯蚓等饵料，用0.4 mm网眼的细筛过后投喂，也可以涂抹在细铁丝网上挂在池中，让鱼自行取食。每天投喂6~8次，投饵量为鱼体总重的10%~12%。20天后大部分仔鱼体长可达2.5 cm，体重达0.2 g，可以转到稚鱼池内饲养。

2. 稚鱼期饲养　在虹鳟稚鱼的饲养过程中，由于苗种的体质和摄食能力不同等原因，生长不一致，鱼体有大有小。为防大鱼争食，影响小鱼生长，当鱼苗长到2 g左右时需要定期开展筛选工作，每 20~40 天筛选一次，将鱼苗按照规格大小不同分池饲养，并根据个体大小调整放养密度。平均体重 2 g 左右的稚鱼，放养密度为 5 000~10 000 尾/m^2；大约经过 5 个月的饲养之后，平均体重长至 20~30 g 的稚鱼，放养密度为 500~1 000 尾/m^2。

放养密度不仅与鱼苗的规格有关，还因水温和注水量的不同而异。在相同的饲养条件下，鱼苗规格越大，放养密度应越小，温度越高注水量应越大，随着鱼苗的成长和游泳能力的增强，也要适当增大水量。在适宜的温度范围内，通常在水温略偏低的条件下，鱼苗发病率低、成活率高，但温度越高，鱼苗生长速度越快。例如，在水温 15 ℃的情况下，从开食起约 60 天平均体重达到 1 g，水温 10 ℃下约需 75 天平均体重达到 1 g；再经 20~30 天的饲养，平均体重可达 2 g。

这个时期虹鳟的饲料多为全价配合饲料，投饵量根据鱼体规格和天气情况随时调整。虹鳟鱼苗越小，其饲料中的蛋白质需要量越多，饲料转换率越高。随着苗种的成长，可逐渐减少饲料中鱼粉等动物蛋白的含量，增加植物蛋白的比例。

3. 成鱼饲养　成鱼池塘一般选择长方形或圆形的水泥池，面积 100 m^2 左右，鱼池并联排列，各池互不影响，利于进排水和病害防治。水深控制在 60~80 cm，进水口稍高于池水面，水流流速不要超过 30 cm/s，池水交换频率应大于或等于 2。为了得到较高的养鳟效益，需要在有限的池塘和水源下，争取获得最大的生产量，为此，应保持科学合理的饲养密度，使虹鳟鱼健康地成长。成鱼的饲养密度主要受水量、温度和溶氧等多种因素的影响。一般情况下，鱼苗平均体重 60~70 g 时，放养密度为 200~250 尾/m^2；平均体重 100~150 g 时，放养密度为 100~150 尾/m^2。

池水的溶氧状况是高密度养殖下水质控制的一项极为重要的

指标，养殖生产中要密切注意注水率和溶氧量。定时给鱼塘增氧，如每天下午 2 时要打开增氧机增氧，闷热天气晚上也要增氧。当注水率过小时，表明水量不够使用，需要通过增氧措施来改善池水溶氧状况，使池水的溶氧量控制在 5 mg/L 以上。当水量充足时，无须增氧即可获得可观的生产量。通常注水率在 10~15 L/（kg·s）时饲养效益最好。

注水率可由下式求得

$$注水率=\frac{注水量（L/s）}{饲养鱼重量（kg）}\times 1\,000$$

四、饲料投喂

人工饲养条件下，虹鳟的营养完全依赖于所摄取的饲料，因此要想获得较高的产量，就必须投喂高质量的全价颗粒饲料。一是饲料质量要符合国家标准，必须选用质量高、信誉好的厂家生产的配合颗粒饲料，饲料中动物性成分要高于 40%，蛋白质含量 45%左右，脂肪含量为 6%~12%，碳水化合物含量为9%~12%，还要添加必要的维生素和无机盐，以保证饲料中各种营养成分的均衡。二是饲料投喂要适时、适量，同时注意每天鱼群的活动情况，一般情况下投饵率占鱼体总重的 2%~6%，稚鱼初期每天投喂次数多些，日投 6~8 次，稚鱼后期每天投喂 3~4 次，成鱼期每天投喂 2~3 次，投喂量可根据鱼体摄食强弱灵活掌握，避免盲目大量投喂，保证鱼体的健康和饲料的合理利用。

五、病害防治

鱼病的防治在虹鳟养殖中十分重要，尤其是高密度饲养时，更容易发生鱼病。加强鱼病防治，尽量减少鱼病造成的损失，是提高鱼的成活率和增加经济效益的重要措施之一。

在虹鳟病害当中，病毒性鱼病威胁最大，如传染性胰脏坏死症、传染性造血器官坏死症、病毒性出血性败血病等，这些病害常会给养鳟业带来严重危害。此外，虹鳟营养性疾病也时有发生，我们要坚持预防为主，尽量减少用药。生产中对于虹鳟疾病的防治原则是有病早治、对症下药、防止滥用药，提倡使用高效、无毒、无副作用的绿色水产药物，坚决杜绝国家明令禁止药物的使用，保证产品质量。

1. 传染性胰脏坏死病（IPN）

（1）症状：发病初期，病鱼食欲减退，身体逐渐变黑，反应能力下降等，逐渐开始出现死亡。体积较大的鱼先死，死鱼的肚子凸起，有时有眼球突出溢血的情况。解剖发现病鱼内脏全部坏死并且伴随着恶臭。

（2）发病原因：主要是由于 IPN 病毒诱发而致，是一种严重为害虹鳟鱼苗、幼鱼的病毒性鱼病，发病后残存未死的鱼，可终生成为带毒者，并通过粪便、鱼卵、精液继续传播病毒。

（3）防治措施：目前没有有效的治疗方法，主要是采用预防措施，购买鱼苗或者鱼卵时要进行严格检疫，从没有病毒症的繁殖场购买，鱼卵运达后要进行消毒，防止病毒寄生在鱼卵上侵入。在日常生产中，做好消毒工作。

2. 传染性造血组织坏死病（IHN）

（1）症状：病鱼初期呈昏睡状，体色发黑，眼球突出，腹部膨大，肛门红肿，且拖着长而不透明的白色粪便，有腹水，口腔、鳃、肌肉、内脏等处有出血瘀斑，体侧有线状或“V”形出血，严重时鳃丝苍白，肝、脾、胰、肾等变性坏死。传染性造血组织坏死病是严重为害鲑科鱼类仔、稚鱼和幼鱼的一种急性病毒病，发病水温为 4~13 ℃，水温 15 ℃以上时停止发病。

（2）发病原因：IHN 病毒感染所致。病毒可通过排泄物、水、污染的饵料传播，开始投饵后 2 个月左右的幼鱼发病最多，多是由于投喂未经煮熟的内脏所致。

（3）防治方法：目前没有有效的治疗方法，主要是采用预防措施，严格执行检疫制度，发眼卵用碘溶液消毒，鱼卵孵化及仔、稚鱼培育阶段，将水温提高到17~20 ℃，在饲料中加入大黄等中草药，均可预防此病的发生。

3. 病毒性出血性败血病（VHS）

（1）症状：病鱼体色发黑，眼球突出，眼和眼眶结缔组织及口腔上颚充血，鳃苍白或花斑状充血，肌肉和内脏有出血症状，有时胸鳍基部充血。

（2）发病原因：VHS病毒感染所致，流行于冬末春初，对鱼种和1龄以上的虹鳟较敏感，鱼苗和亲鱼很少发病，主要通过病鱼及其尿、粪、鱼卵、精液传播。

（3）防治方法：该病目前流行于欧洲，引种时要特别注意检疫，防止传入国内。目前无有效的治疗方法，防治可参考传染性造血组织坏死病的防治。

4. 烂鳃病

（1）症状：病鱼不活泼，鳃盖外张，漫游在池边和排水口，不爱摄食，鳃部分泌异常性黏液，并局部褪色，严重时菌体覆盖整个鳃表面，丧失鳃的正常功能。水温4~9 ℃时易发此病，以春季多见。

（2）发病原因：可以由细菌引起，也可以由寄生虫或霉菌引起。

（3）防治方法：五倍子2~4 mg/kg磨碎后浸泡过夜全池泼洒，亦可全池泼洒二氧化氯0.2~0.3 mg/kg，或二氯海因0.4 mg/kg等含氯制剂。

5. 疥疮病

（1）症状：在鱼躯干的局部组织上生出疥疮，发病部位多在鱼体背鳍基部附近，皮下肌肉出现不规则的圆形血泡，逐渐坏死溃烂，形成溃疡口。

（2）发病原因：主要由细菌引起，病原体为杀鲑气单胞菌。

（3）防治方法：生产中注意防止将病原菌带入养殖场，买入的鱼卵、鱼苗进行消毒处理，放养密度不宜过高，经常注意换水，保持良好水质，注射或口服杀鲑气单胞菌疫苗，都可起到积极的预防作用。一旦发病，在执业渔医的指导下用磺胺类药物制成药饵投喂。

6. 水霉病

（1）症状：病鱼体表出现棉絮状的菌落，灰白色或淡青色，容易引起死亡。

（2）发病原因：由水霉菌感染而致，在体表受伤后易受病原体侵袭，健康虹鳟鱼以及活的发育卵一般不受其感染。

（3）防治方法：此病尚无特别有效的防治方法，主要靠预防，清池、拉网时要小心，避免鱼体受伤。

7. 小瓜虫病

（1）症状：又称白点病，病鱼体表和鳃上可见许多小白点，急躁不安、呼吸困难，如不及时治疗，会造成大批死亡。

（2）发病原因：由于小瓜虫寄生在体表、鳃、鳍的皮下组织，在鱼的皮肤和鳃组织中剥取细胞质为食，寄主受刺激分泌黏液包围，形成白色囊泡，呈现出许多大白点，是一种流行广、为害重的纤毛虫病。

（3）防治方法：用2%～3%食盐水浸泡或1∶4 000浓度福尔马林溶液浸洗1小时。

8. 三代虫病

（1）症状：病鱼鱼鳃浮肿、鳃盖张开，鳃丝暗黑色，鱼体色暗黑无光泽，离群缓游，不摄食，逐渐瘦弱死亡。

（2）发病原因：此病由寄生虫引起，虫体寄生在鱼的体表，并大多数寄生在鱼的鳃部和背鳍部。

（3）防治方法：用20×10^{-6}浓度的高锰酸钾溶液浸洗20～30

分钟，也可用2%食盐水浸洗。

9. 营养性肝病

(1) 症状：病鱼体色发黑，行动迟缓，离群独游，鳃变淡、贫血、肛门流黄水，解剖内脏大都有黄色黏液，肝呈土黄色。

(2) 发病原因：主要是由于饲料中缺乏营养或饲料变质引起的，一旦发生，可造成大批死亡，是虹鳟养殖业的主要疾病之一。

(3) 防治方法：从改善营养条件入手，不仅要注重配合饲料原料成分的多样，使多种饲料原料的营养得到互补，同时要注重配合饲料中必需脂肪酸的质量和数量，加工过程中要添加抗氧化剂。另外，配合饲料的保存期不可过长，不投喂变质或含氧化脂肪的饲料，以防脂肪氧化产生过氧化物引起虹鳟鱼中毒。一旦发病，在饲料中添加大黄等中草药有一定疗效。

第四节　鲟鱼池塘健康养殖技术

鲟鱼（Sturgeon），又称鳇鲟、鳇鱼等，是现存起源最早的脊椎动物之一，属硬骨鱼纲、辐鳍亚纲、软骨硬鳞总目、鲟形目，是世界上现有鱼类中最古老的一种，迄今已有2亿多年的历史，起源于亿万年前的白垩纪时期，素有“水中熊猫”和“水中活化石”之称。

鲟鱼是食用价值极好的大型经济鱼类，全身除体表骨板外其他部分都可食用，营养价值极高，被列为高级滋补品，鲟鱼肉、鱼子、鱼子酱售价均较高，鲟鱼皮还是制作高档皮革制品的好原料，抗撕裂性、耐磨性、柔韧性可与鳄鱼皮媲美。

在古代，鲟鱼就是人们喜爱的食物和药材，《诗经·卫风·硕人》中就写道：“鳇（即鲟）大者千余斤，可蒸为臛，又可作炸，鱼子可为酱。”《本草纲目》中也对鲟鱼和其药用价值有详细的描述：“（鲟鱼）肝主治恶疮；肉补虚益气，令人康健；煮汁饮，治血淋；鼻肉作脯，补虚下气；子状如小豆，食之健美，杀腹内虫。”据报道，鲟鱼肌肉中含有十多种人体必需的氨基酸；脂肪中富含 DHA（二十二碳六烯酸）和 EPA（二十碳五烯酸），对软化心脑血管、促进大脑发育、预防老年性痴呆具有良好的功效；鲟鱼的软骨和骨髓有抗癌因子，可直接食用，素有“鲨鱼翅，鲟鱼骨”之说。此外，鲟鱼与恐龙一同起源于白垩纪时期，而鲟鱼能顽强地生存了下来，是当今世界各国研究地壳变迁的“活化石”。

近年来，鲟鱼的人工养殖在国内逐渐兴起，我国许多省市相继建立了鲟鱼的人工养殖基地，主要养殖的品种有俄罗斯鲟、西伯利亚鲟、史氏鲟、杂交鲟、匙吻鲟等，主流养殖模式有流水养殖、网箱养殖和工厂化循环水养殖等。这里主要针对池塘流水养殖技术进行介绍。

一、鲟鱼的生活习性

鲟鱼主要栖息在水体中下层，冬季多在河道或近岸深水处，分为海河洄游性和江河定居性种类，在产卵期均向河道上游移动。史氏鲟是淡水定居种类，在水体底层生活；匙吻鲟是淡水性鱼类，生活在水体中层；俄罗斯鲟、中华鲟等为洄游性种类。

鲟鱼对水质要求比较严格，喜生活于流水、溶氧含量较高、水温偏低、底质为砾石的水环境中。对水体溶氧的要求极高，耗氧率、窒息点均高于家养鱼类。除中华鲟、达氏鲟外，大多数鲟类是亚冷水性鱼类，介于温水性鱼类和冷水性鱼类之间，生存水温在 0 ~ 37 ℃，最适生长水温不同种类略有差异，多在 20~25 ℃。

鲟鱼是肉食性鱼类，生性胆小，警惕性非常高，有夜间觅食的习性，鱼苗开食阶段主要以浮游生物为食，幼鱼阶段主要以底栖无脊椎动物、小型鱼类、甲壳类、水生昆虫等为食，成鱼阶段以鱼类和底栖动物为食，野外环境中在大马哈鱼溯河而上时也大量吞食大马哈鱼。在人工养殖过程中，对刚开口摄食的鲟鱼苗多用活饵（浮游动物或切碎的水蚯蚓投喂），开食后即可驯食投喂人工配合饲料，经过 30 天左右鲟鱼苗可长到体长 3.8~9.4 cm、体重 0.5~3.9 g 的规格，成活率可达 60%以上。

鲟鱼是晚熟性鱼类，生殖周期长，雌鱼初始性成熟需 16~20 年，雄鱼初始性成熟在 12 年以上，繁殖期为 5~7 月，最适繁殖水温 15~19 ℃，雌鱼平均怀卵量约 100 万粒，通常为隔年产卵。

二、鲟鱼池塘养殖的条件

池塘流水养殖是以优质泉水或江河水为水源，利用地形自然落差或通过机械提水，使鱼池中水体保持适宜的流速和流量，模拟鱼类野外生态环境的一种养殖模式。该养殖模式下养殖水不重复使用，成本低，便于管理，但是易受外界环境影响，可控性较差，养殖外排水易污染环境。池塘建设时，要达到以下条件：

1. 水质良好清澈 池塘水源要水质清新，无污染，溶氧充足，生存有虾、蟹、蛙、鱼等“指示水生动物”，常年水温在 15~27 ℃，交通便利。

2. 水源流量充足 流量是限制鲟鱼养殖产量高低的关键，池塘选址处最枯流量要在 0.05 m^3/s 以上。建成流水养殖池塘后，养殖前期池中水体交换量最低要能达到每小时 1~3 次，养殖后期池中水体交换量视水温、放养密度等情况，鱼池水体的交换率要求为每小时 2.5~4 次。

3. 池塘建设合理 池塘形状以长方形、四角圆钝、圆形池、近似圆形为宜，走水合理，水位可控，进、排水通畅，池底水泥硬化，池壁水泥抹平压光，鱼可在全池均匀分布。长方形池和四角圆钝池推荐尺寸为鱼池宽度 4~8 m，长度 8~15 m，圆形池直径 8~10 m 为佳，鱼池深度 1.8~2 m，水深 1.5~1.8 m，养殖大规格鲟鱼的流水池深度要在 2 m 以上。需要注意的是，四角圆钝池、圆形池、近似圆形池塘的进水管要与池壁呈 40°左右的角斜向冲水入池，能使池水定向转动，排水口设在池的中央底部，池底从池壁到排水口有一定坡度而呈锅底形，以便通过水流形成的向心力，将鱼的残饵和粪便等污物不断集至中央，排出鱼池。长方形池塘的进、排水口的宽度最好与各方池壁宽度接近，排水口在进水口的对面，池底从进水口到排水口有一定坡度，以便水体充分交换不留死角。新建鱼池需先用水浸泡、冲洗一个星期以上，以消除水泥碱性，避免毒死鱼苗。

三、苗种放养

鱼苗进池前或分池时，用 2%~3%食盐水浸泡鱼体 15~30 分钟，其间要注意观察鱼苗的反应状态，如出现鱼体异常、浮头等现象就要将其立即放入鱼池。氧气袋运输的鱼苗到达目的地后，打开泡沫箱，将氧气袋置于池塘中，遮挡阳光照射浸泡 30 分钟左右，使袋内水温与池水水温接近，内外温差在 2 ℃以下后，打开氧气袋，从鱼池中慢慢加水至氧气袋水满，待袋中与池内水温平衡，再将鱼苗逐渐放入鱼池。

放养密度视水体交换量和鱼种规格而定，100~250 g/尾鲟鱼的放养密度为 30~100 尾/m^2，即 10~14 kg/m^3。当放养密度高于 16 kg/m^3 以上时，鱼体代谢产生的代谢物将使水体中硫化氢、氨氮、硝酸氮、亚硝酸氮等指标上升，鱼体会感到不适，导致生长缓慢，抵抗力下降。

四、饲养管理

人工养殖鲟鱼时，全程投喂全价颗粒饲料，饲料要保证新鲜不变质，储存在干燥通风的环境中。投喂时降低水体交换速度，使池中水体呈微流状态后再全池遍撒；不能集中在一点投喂，以防池中鱼体摄食不均。随着鱼的生长，及时调整饲料颗粒，保证饵料粒径与鱼体规格相适应，一般饵料粒径为所喂鱼口裂 2/3 为佳。投喂量根据鲟鱼的摄食情况以及水温、鱼体状况、溶氧等因素科学合理调整，每次所投饵料的量，最好能在 15 分钟内吃完，最多不高于 20 分钟，最低不少于 5 分钟。一次投喂太多易产生污染，增加氧气的消耗量及各种传染病的发生机会；投饵量不足会造成饥饿，导致鱼生长参差不齐、残食与寄生性疾病的发生。

一般情况下，25 g 以下苗种投喂粉状料，日投饵率 5%，分 6 次投喂；25~50 g 苗种投喂粒径为 1~2 mm 的颗粒料，日投饵率 3%，分 4 次投喂；50~250 g 苗种投喂粒径为 2~3 mm 的颗粒料，日投饵率 2%，分 4 次投喂；250~500 g 鲟鱼投喂粒径为 4~5 mm的颗粒料，日投饵率 1.5%，分 3 次投喂；500~1 000 g 鲟鱼投喂粒径为 5~6 mm 的颗粒料，日投饵率 1.0%，分 2~3 次投喂；1 000 g 以上鲟鱼投喂粒径为 6~11 mm 的颗粒料，日投饵率 0.2%~0.8%，每天分 2 次投喂。

坚持每天早晚巡塘，测量水温、水质，观察水位、水流量，做好池塘记录。每天早上日出前和下午 3 时各测水温一次，最好保持池内水温在 18~24 ℃，最高水温一般不得超过 28 ℃，若池塘水温过高，可加大水交换量或池上架遮阳网。鱼苗规格较小时，水的流量也要小，10 cm 鱼苗的池塘水位大约为 50 cm，随着鱼体的增长要逐渐加大流量，1 kg 商品鱼水流量应加高至 150 cm。

定期清洗池底，防止残饵、粪便、落叶杂物等污物的累积与藻类杂菌的滋生，建议每周清洗 1 次。排污时，放低池水至 1/2 或 1/3 左右，并加大池水排放速度，边排放边清扫，力求池内污物彻底排出，及时捞出病鱼和死鱼。

五、病害防治

随着鲟鱼集约化养殖量的增多，伴随而来是病害的上升，严重影响着养殖户的经济收益，不利于鲟鱼养殖业的发展。生产中要了解鲟鱼在养殖过程中常见的一些疾病以及防治方法。

1. 鲟鱼败血症

（1）症状：发病时病鱼行动缓慢，摄食量减少，腹部、口腔、鳍部等体表部位出血，肛门红肿发炎，鱼鳃颜色较淡。解剖发现肝脏肿大，肠胃发炎，伴有泡沫状黏液。病鱼少数下潜困难，死鱼多数仰卧或侧卧，部分漂浮水面。

（2）发病原因：此病由嗜水气单胞菌引起，嗜水气单胞菌在自然水体中分布极为广泛，可感染各种规格的鲟鱼，传播快、发病率高，是鲟鱼养殖过程中极为常见的病害。

（3）防治方法：加强水质管理，及时注入新水或换水，投喂时选择新鲜的饲料，不投喂变质腐败饲料；高温时期要及时清除池塘内残饵以及排泄物，以免发酵产生有毒物质；定期对水体进行消毒，在饲料中加入一些抗菌药物和维生素，发病时全池泼洒二氧化氯消毒，同时用恩诺沙星拌料投喂。

2. 鲟鱼细菌性肠炎

（1）症状：病鱼行动迟缓，食欲减退，鱼体消瘦，腹部、口腔出血，肛门红肿，轻轻按压腹部，会有黄色黏液流出。解剖发现肠胃充血发炎，肠内无食物但充满黄色黏液。

（2）发病原因：该病病原是点状产气单胞菌，从 3 cm 鱼苗到商品鱼均有可能发病，是鲟鱼养殖过程中的常见病。

（3）防治方法：保持水质清新、水量充足，投喂时一定要保证天然饵料的新鲜性，人工饲料建议选择颗粒大小适中的全价饲料，投喂做到定时定量。发病时及时消毒，同时内服恩诺沙星，每天 2 次，连用 3~6 天；或内服磺胺类，每天 1 次，连用 3

天，第 1 天用药量加倍。

3. 鲟鱼肿嘴病

（1）症状：病鱼口部四周充血、肿胀，口腔不能活动自如，摄食困难，排泄孔红肿，有时伴有水霉病发生。

（2）发病原因：此病是由细菌引起的，在鲟鱼的幼体阶段发生得较多，主要由于投喂变质的饵料所致。

（3）防治方法：保证水源清新无污染，不投喂发霉变质饲料，及时清除残饵、捞出病鱼，定期对池底、料台清洗消毒。

4. 鲟鱼车轮虫病

（1）症状：病鱼体表颜色较淡无光泽，体质消瘦，游动无力迟缓，不摄食，生长缓慢，鳃丝暗红，有较多的黏液，镜检会发现有大量的车轮虫寄生。

（2）发病原因：此病由于车轮虫在鱼体和鳃耙上寄生过多而引起，主要为害幼苗，往往会聚集在鱼鳃缝隙中，导致病鱼呼吸困难，严重时致死。

（3）防治方法：发病时，将病鱼放置在低浓度的食盐水中浸泡 30~60 分钟，然后再放入流水区域中，可使病情有好转或痊愈。

5. 鲟鱼斜管虫病

（1）症状：当病原体斜管虫大量寄生于鱼体、口腔、鳃部时，会引起病鱼烦躁不安，体表呈蓝灰色薄膜状，口腔及眼中黑色素增多。

（2）发病原因：斜管虫寄生所致。

（3）防治方法：目前尚无有效治疗方法，主要采取的措施是将病鱼转入流水池中饲养，死亡率可降低到 4%以下。

6. 小瓜虫病

（1）症状：病鱼食欲减退，日见消瘦，游动能力减弱且浮躁不安，因小瓜虫侵袭鱼体的皮肤和鳃部组织，肉眼可见鳃丝和鳍条处有大量斑点，严重时斑点呈片状，最终引起鱼体组织坏死导致死亡，又称白点病。

（2）发病原因：小瓜虫寄生所致。

（3）防治方法：发病时用生姜和辣椒熬水浸泡有一定疗效；在苗种培育期间也可以提高水温到 25 ℃以上，最好是 28～30 ℃加以控制，效果较好。

第五节　黄颡鱼池塘健康养殖技术

黄颡鱼（*Pelteobagrus fulvidraco*），俗称黄戈牙、昂公、黄姑鱼、黄蜡丁等，属鲇形目、鲿科、黄颡鱼属，广泛分布于我国各天然水体，是一种常见的小型底栖淡水鱼。黄颡鱼味道鲜美、含肉率高、无肌间刺，营养价值极高，还可作为滋补用药，深受消费者喜爱。近年来，黄颡鱼国内市场稳定成长，同时远销日韩等国家，成为备受养殖户欢迎的水产新品种之一。

一、黄颡鱼的生活习性

黄颡鱼多生活于缓流多水草的湖周浅水区和入湖河流处，营底栖生活，尤其喜欢栖息在腐殖质多和淤泥多的浅滩处。黄颡鱼喜集群，怕光，有昼伏夜出的习性，白天潜伏水底或石缝中，夜间出来活动觅食，冬季则聚集深水处。

黄颡鱼为杂食性鱼类，食谱较广，在不同的环境条件下，食物的组成有所变化，自然条件下以动物性饲料为主，鱼苗阶段以浮游动物为食，成鱼则以昆虫及其幼虫、小鱼虾、螺蚌等为食，还大量吞食鲤鱼、鲫鱼等的受精卵和植物碎屑。黄颡鱼的食性虽然较广，但饵料组成却比较简单，不同的生长阶段都是以 1～3 种饵料生物为主，而且由浮游生物向底栖动物转变。

黄颡鱼属温水性鱼类，生长于水体底层，生存水温为1~38 ℃，最适宜生长温度22~28 ℃。水温在0 ℃时出现不适反应，伏在水底很少活动，呼吸微弱，3天内出现死亡；水温高于39 ℃时鱼体失去平衡，头上尾下，呼吸由快到弱，1天左右出现死亡。在适宜温度范围内，温度高低对黄颡鱼成活率影响不大，但与摄食量和生长速度有较大关系，低温时摄食量较少，摄食率随温度升高而升高，当温度上升达到29 ℃时，摄食率随温度升高而下降。

黄颡鱼对环境的适应能力较强，即使在恶劣的环境下也可生存，甚至离水5~6小时尚不致死，适于偏碱性的水域，对盐度耐受性较差，pH值最适范围为7.0~8.5，溶氧2 mg/L以上时能正常生存，低于2 mg/L时出现浮头现象。

黄颡鱼生长较慢，属于小型经济鱼类，在自然条件下1龄鱼可长到25~50 g，在人工饲养条件下，1龄鱼可长到100~150 g，达到上市规格。在相同的饲养条件下，黄颡鱼雄鱼比雌鱼生长快1~2倍，目前市场上已经培育出全雄黄颡鱼，可以大幅提高产量和效益。

二、黄颡鱼池塘养殖的条件

1. 水源稳定　池塘水源必须充足、稳定，无生活污水或工业废水污染，一年四季都有优质水源供应。水源不足的地区，可利用地下水补充。

2. 规划适宜　鱼塘建设前，要提前做好规划，要求池塘周围环境良好，通风向阳、光照充足。池塘走向排列整齐，最好是长方形、东西走向，长宽比为5∶3或2∶1，池塘面积在5亩以上，池塘深度达到2 m以上。黄颡鱼喜弱光下摄食，若水深不够会影响黄颡鱼正常摄食。

3. 排灌自如　池塘要有完备的进、排水系统，排灌自如，建有安全可靠的进、排水口，配套建设网具等拦鱼设施。

4. 底质优良　池塘底质以壤土最好，底部淤泥控制在 6～10 cm，利于保水及保肥，池底平坦且有一定坡度，并向出水口一侧稍倾斜。

5. 水质良好　黄颡鱼喜欢清澈洁净的水质，池水的透明度应保持在 30 cm 以上，最好有活水常年流动，水质良好，符合养殖用水标准。

6. 设备齐全　要求每个池塘面积适宜、设备齐全，尤其是要配备增氧机、抽水机、投饵机、养殖渔船等常用设备。

三、苗种放养

黄颡鱼苗种放养一般在每年 3 月底或 4 月进行，只要气温条件允许，水温稳定在 10 ℃左右即可进行。

放苗前要排干池水、清除杂物及池梗杂草，清除池底过多淤泥，加固池梗，暴晒池底，一般在放养前的冬季进行。放苗前 15 天用生石灰或者漂白粉进行彻底清塘消毒，清除淤泥内的野杂鱼和病原微生物，促进淤泥内的有机物分解。清塘 1 周后向池塘注水，最好使用 60 目双层滤网过滤，以免野杂鱼、敌害生物及虫卵进入池塘。放苗前 3～5 天根据池塘水体情况肥水，以培育水体中的浮游生物，并保持水色嫩绿色或褐黄色。此时肥水，可以促进鱼苗体质恢复、有效降低后期发病率。

鱼苗的放养选择在晴天的上午或者傍晚进行，鱼苗应来自正规苗种生产单位，体表光滑，体格健壮，游动有力，无病无伤，鱼苗规格 10～15 g，放养密度为每亩 8 000～10 000 尾，套养 250～500 g 的鲢鱼 100 尾、鳙鱼 50 尾左右。注意，每批次放养的鱼苗要求规格整齐，大小不宜过分悬殊，以免影响生长。鱼苗入池前使用 3%食盐水溶液浸体消毒 10～15 分钟，防止将病原体或虫卵等有害物质带入池塘。搭配放养的鲢鱼、鳙鱼宜在黄颡鱼入池半个月之后再投放，以利黄颡鱼生长。

四、饲养管理

人工养殖条件下，黄颡鱼饲喂专用配合饲料，要求粗蛋白质含量在35%~45%，脂肪含量为5%~8%。黄颡鱼因个体小，摄食慢，在池塘水温适宜的条件下，投喂应做到“尽早开食、少量多次”，使其尽早摄食生长，并根据天气、水温、水质等情况科学投喂。一般情况下，在4月前后每天投喂2次，投喂量为鱼体重的1%~3%，5~9月每天可投喂3~4次，投喂量为鱼体重的3%~5%；10月以后随着鱼体增重，每天可投喂2次，投喂量为鱼体重的1%~2%。黄颡鱼贪食，要注意适量投喂，每次坚持投喂八成饱原则，避免造成水质负担。另外，要讲究投喂方法，在每天水体溶氧充足的时段投喂，晴天多投，阴天则少投，雨天可少投或不投，上午溶氧低少投，下午溶氧足可多投，水质好、鱼类摄食旺盛时可多投，水质差、鱼类摄食差时可少投。

相比常规鱼类，黄颡鱼耐低氧能力较差，喜欢清爽的水体环境，要适时增氧调水，定期使用微生物制剂、肥水产品及底改产品调水，科学开机增氧，晴天午后开机1小时，阴雨、闷热天气要提前增氧，增加开机次数和时间，坚持日夜巡塘，观察黄颡鱼摄食、活动及生长情况，发现安全隐患及时排除。此外，黄颡鱼容易受惊，要尽量创造安静安全的养殖环境，减少车辆、行人或动物等进入养殖区，以免发生应激反应。

五、病害防治

黄颡鱼抗病力较强，平时注意控制水质，做好常规消毒和预防工作，一般很少发生病害。但是，近年来随着市场需求的不断增大，黄颡鱼的养殖面积和密度也在不断地扩大，同时带来的是病害的高发和多发，严重影响了养殖产量和养殖户的经济收益。

黄颡鱼属无鳞鱼，不及其他鱼类对常用药物的耐力强，更要贯彻“以防为主”的原则，每月可使用三黄散、五黄散等中药拌料进行投喂预防，尽量减少病害发生。黄颡鱼常见病害有裂头病、出血病、烂身病、肠炎病、水霉病、车轮虫病等，一旦发生病害，要坚持有病早治，及时联系执业渔医进行诊治，尽早尽快对症用药。应注意治疗时尽量使用高效、低毒的绿色渔药，不可使用硫酸铜、高锰酸钾等敏感药物。

1. 黄颡鱼裂头病

（1）症状：发病初期病鱼食欲减退、离群独游，但外表无明显症状。随着病情的发展，病鱼头顶变红出现出血点，并不断扩大，鳃丝变白，腹部膨大且有明显的血水，甚至在表皮可以看到出血点或血斑，严重时头顶穿孔、顶骨受损，头盖骨裂开，甚至漏出脑组织。病鱼临死前失去平衡，悬浮于水中，受到刺激时快速翻转或游动，继而死亡。解剖发现病鱼肌肉、肠道充血，肝脏肿大出血，脾脏坏死，肾脏有黑点。

（2）发病原因：该病是由寄生虫和细菌感染引起的综合性疾病，细菌性病原为爱德华氏菌，发病周期长，死亡率高，从鱼苗到成鱼均会患病，尤其多发于2龄鱼，6~9月是高发期，水温在高于20 ℃时发病情况较严重，温度降低时病情可不治而愈。

（3）防治方法：由于黄颡鱼是底层鱼类，定期使用底质改良剂、水质调节剂、微生物制剂，保持水环境健康，有助于提高鱼体抵抗力。一旦发病，一般用药难以见效，应在执业渔医的指导下内服氟苯尼考等抗生素类药物，同时搭配内服保肝类中草药。

2. 黄颡鱼出血病

（1）症状：病鱼体表发黄，黏液增多，腹部肿大，肛门红肿外翻，另外胸部、鳍部、背部都会出现充血的现象，病情严重时食欲废绝，腹腔淤积大量血水或黄色胶冻状物，肠胃内有大量的脓液，死亡率高，是黄颡鱼养殖时常见的一种病害。

（2）发病原因：一般认为是嗜水气单胞菌感染到黄颡鱼后引起的病症。

（3）防治方法：日常预防要做好水质管理，保持养殖环境的良好，注意水体的溶氧度以及养殖密度，定期消毒。发病时以消毒杀菌为主，同时搭配改底类药物一起使用，可先用复合碘对水体进行消毒，再在饲料中拌入适量的杀菌类药物，连续 5~7 天，即可治愈。

3. 黄颡鱼烂身病

（1）症状：病鱼身体溃烂，病灶多呈椭圆形或不规则形状、四方形，严重时皮肤剥落、露出肌肉，部分病鱼伴随内出血及内脏病变。黄颡鱼烂身病发病较快，全年皆可发病，主要发生于每年的 4~5 月和 6~8 月，水温 28 ℃以上时高发，死亡率可达 50% 以上。由于其发病迅速、传染快，在短时间内能造成黄颡鱼大量死亡，是危害黄颡鱼养殖的严重病害之一。

（2）发病原因：黄颡鱼烂身病的根源与底质恶化、酸化有必然的联系。

（3）防治方法：日常生产要从底质、水质出发，切忌滥用一些刺激性药物。一旦出现烂身鱼情况，可以先使用有机酸解毒，然后视烂身鱼的情况酌情使用消毒剂进行消毒，同时内服抗生素，拌保肝多维产品。

4. 肠炎病

（1）症状：病鱼发病后会离群独自活动，游动缓慢，食欲减退，腹部肿大，肛门红肿，轻轻按压会有黄色的黏液流出。解剖发现肠胃部位充血发炎，肠内无食物、黏液较多，严重者全肠发炎呈浅红色，血脓充塞肠管。

（2）发病原因：肠炎病是由点状产气单孢杆菌感染引起的一种细菌性传染病，主要由于投喂的饲料不新鲜、霉变腐败引起，流行水温 25~30 ℃。

（3）防治方法：日常注意消毒，减少病原细菌，投喂新鲜饲料，不要喂食变质、霉变的饲料，投喂后的残饵要及时清理。夏季尤其要注意控制水温。发病后第一时间减料，内服恩诺沙星等抗生素，同时拌服多维和保肝利胆类药物，3~5 天即可治愈。

5. 水霉病

（1）症状：疾病早期肉眼看不出异常，随着时间推移，寄生在鱼体的水霉菌丝开始不断地向内和向外生长，蔓延扩散，形成白灰色的棉絮状物，病鱼游动不安，精神失常，与其他固体物发生摩擦，导致鱼体负担过重，游动迟缓，摄食量下降，直到肌肉腐烂，消瘦而死。

（2）发病原因：黄颡鱼在养殖过程中出现外部损伤时，水霉菌乘虚而入感染所致。

（3）防治方法：放苗前先用石灰粉清塘消毒处理，减少病原，降低养殖密度，防止鱼因摩擦而产生外伤，同时在投放、运输和捕捞中尽量避免损伤鱼体，定期消毒，改善水质。发病时用水杨酸、硫醚沙星或五倍子全池泼洒，隔天用 1 次，连续 2 次即可治愈。

6. 车轮虫病

（1）症状：病鱼在感染后会焦躁不安，精神萎靡，摄食量下降，严重时会在养殖池边不断地游动，镜检发现病鱼的体表和鱼鳃有大量的车轮虫。

（2）发病原因：车轮虫病是黄颡鱼养殖时主要的寄生虫病害，多发于池塘面积小、水位浅、养殖密度高的水体，好发于春末和秋初天气凉爽的时候。

（3）防治方法：加强水质管理，保持水质清新，可有效预防。发病后全池泼洒每立方米 0.7 g 的硫酸铜和硫酸亚铁合剂，每 3 天 1 次，连续 2~3 次即可痊愈。

第六节　河蟹池塘健康养殖技术

河蟹，学名中华绒螯蟹（*Eriocheir sinensis*），属软甲纲、十足目、弓蟹科、绒螯蟹属，底栖爬行类甲壳动物，又称大闸蟹、螃蟹、毛蟹等，是我国传统的水产品种。河蟹在中国分布很广，通海的江河基本都有分布。河蟹由于其味道鲜美，营养丰富，深受各地消费者喜爱，具有很高的经济价值，随着远洋运输业的发展，在世界沿海诸国也常可见到。

河蟹的生态健康养殖就是坚持“以鱼净水、以蟹保水”的观念，通过改进养殖模式，改善水体的溶解氧、pH值条件，提高水体中的有益微生物数量，将大量的有机物分解成无机盐；通过栽种水生植物，利用光合作用将无机盐转化为绿色植物，实施混养、稀养和轮养，达到水域生态平衡、河蟹效益提升的双丰收。

一、河蟹的生活习性

河蟹通常栖居在江河、湖泊等淡水水体中，尤其喜欢生活在水草茂盛、水质清新、天然饵料丰富的湖泊、草荡中，成蟹喜欢在泥岸的洞穴栖息，或藏匿于石砾及水草丛里。河蟹对盐度的适应范围较广，不同的生长阶段对盐度的需求不同，胚胎发育之后的蚤状幼体阶段需在半咸水或海水里过浮游生活；进入大眼幼体阶段时，既可在沿海河口的半咸水中生活又可在淡水里生活，既可在水面游动又可沿河坡爬行；到幼蟹以后，则主要是在淡水的河流湖泊里生长，成熟后有生殖洄游的特点，要到河口附近的浅海中繁殖。

河蟹对温度的适应范围较大，在1~35 ℃都能生存，对低温的适应能力比家鱼强，对高温的适应能力较差。河蟹的摄食强度与水温有着很大的关系，当水温低至 5 ℃时，河蟹基本不摄食；水温 10 ℃以下或者 30 ℃以上时，摄食强度下降；当水温达到 10 ℃以上时，河蟹摄食强度逐步增大。

河蟹是杂食性动物，主要摄食水体中的浮游生物，也可摄食水中的鲜嫩水草，还可以摄食小鱼、小虾和螺类等，特别是成蟹阶段，一只河蟹一夜就可捕食数只螺类。另外，河蟹还有相当强的耐饥饿能力，可以半个月甚至更长时间不摄食也不至于饿死。

蜕壳是河蟹生长发育的重要标志，只有随着幼体的一次次蜕壳，河蟹才能发生形态的改变和体形的增大。河蟹一生中要蜕壳 20 多次，每年 10 月中旬成蟹完成生命中的最后一次蜕壳后，开始生殖洄游。

二、河蟹池塘养殖的条件

池塘养殖环境应尽可能营造河蟹最适宜的环境条件，才能达到高产、增收的目的。

蟹塘一般选择靠近水源、水量充足、水质良好，无污染，符合国家渔业水质标准的地方。池塘一般应建成长方形，面积以 15~20 亩为宜，水深控制在 0.8~1 m，在夏季应控制在 1~1.5 m。蟹塘要有完善的进、排水设施，最好采用高位进水、低位排水。为了方便河蟹出水活动，要将蟹塘池埂的坡面加宽到 3 m以上，坡比为 1∶2.5 或 1∶3。另外，由于河蟹善攀爬，有很强的逃逸能力，因此在蟹塘四周还要有牢固、可靠的防逃设施，要求高于池埂 0.5 m 以上。修建防逃设施的材料要表面光滑，使河蟹难以攀爬，并且要坚固耐用，不怕风吹雨淋，不会污染蟹塘环境。

三、苗种放养

蟹种放养时间一般在每年的 2 月底至 3 月初，水温不低于 4 ℃时进行。池塘一般提前在 11 月底或 12 月初排干池水，经冬季冷冻暴晒后，于放养前 15 天左右每亩撒 70～100 kg 生石灰全池消毒，5 天后待生石灰的药效消失，可以开始种植水草、投放螺蛳。

目前，我国常用于人工养殖的蟹种主要有长江水系和辽河水系两个品种。从养殖效果来看，长江蟹生长较快，二秋龄成蟹个体大，可达 150～250 g/只，规格整齐，群体增重 7～10 倍，回捕率可达 30%～40%。而辽河水系的河蟹，更加适应北方的寒冷天气，成熟时间较早，但成蟹个体小，规格为 100～150 g/只，群体增重 3～5 倍，回捕率也较低，为 20%左右。在选择蟹种时，要根据不同水系河蟹的生态习性，选择适合于本地区自然条件的蟹种放养。放养密度根据蟹种的规格、商品蟹的养成要求、蟹池条件和饲养管理水平等因素而有所不同，一般每亩放蟹苗 600～1 200只。

放苗应选择在天气晴朗、水温较高时进行。放养蟹苗前，要先进行缓苗处理。方法是将蟹苗连同网袋一起放入蟹塘池水中浸泡 1～2 分钟后取出放置 3～5 分钟，如此反复 2～3 次，待蟹苗适应后将蟹苗均匀地放在池塘四周，让其自行爬入水中，并尽量使蟹苗在池塘内分布均匀，严禁将蟹苗成堆地倒入池中。

由于河蟹是底栖动物，为有效提高养殖池塘利用率，可合理套养部分中上层鱼类，如鲢鱼、鳙鱼和鳜鱼。鲢鱼、鳙鱼主要摄食浮游动植物，可以有效降低水体肥度；鳜鱼可以有效清除池塘中的鲫鱼等野杂鱼，提高饲料利用率。一般情况下，鲢鱼和鳙鱼的套养比例为 2∶1，每亩放 150～200 g/尾的鲢鱼和鳙鱼 10～20 尾，4～5 cm 的鳜鱼 10～20 尾。

四、饲养管理

河蟹饲养管理的工作内容主要包括饲料投喂、水质调控、水草管理、日常管理等内容。

1. 饲料投喂　河蟹属于杂食性动物，饲料来源较为广泛，一般包括天然饵料、动物性饵料和人工配合饲料等。人工养殖过程中，以投喂河蟹配合饲料为主，适量种植水草，适时培育螺蛳。配合饲料的选用要坚持两头精、中间粗的原则，前期和后期投喂蛋白质含量40%以上的配合饲料，中期投喂蛋白质含量30%左右的饲料。水草不仅是河蟹养殖过程中极其重要的天然饵料，还能为蟹塘提供溶氧、调节底质，为河蟹提供栖息场所。一般在蟹塘栽种的水草品种主要有伊乐藻、苦草、轮叶黑藻等。伊乐藻在高温季节不易存活，一般在前期或者在环沟内低温水域种植，而轮叶黑藻一般大面积种植，可为河蟹后期生长提供良好的环境。螺蛳也是河蟹较好的食物来源，既能为河蟹提供适口、鲜活的动物性饵料，又能消耗底层腐殖质改善水质；投放量按照 500 ~600 kg/亩分两次进行，清明前期投放 2/3，中后期投放 1/3。

投喂饲料时要把饲料均匀投放在接近水位线的土坡或浅水区，做到定时、定量、定质。每亩水面设置 3~5 个投饲点，既便于观察河蟹摄食、活动情况，又有利于清除残饵。一般每天投喂两次，上午 8~9 时投喂饲料总量的 30%，傍晚 5~6 时投喂 70%，投饲量以投饵后 1.5~2 小时基本吃完略有剩余为准。坚持每日检查吃食情况，并根据季节、天气及河蟹摄食情况及时调整投喂量，做到晴天多投、阴天少投、闷雨天不投，吃食旺时多投、水温低时少投、蜕壳期少投。总之，要尽量做到投喂精细化管理，既能满足河蟹不同生长阶段所需营养，保持河蟹体格健壮，保证成蟹规格和品质，又能提高抗病力和成活率。

2. 水质调控　河蟹在不同的生长期对水质的要求不同，前期需要保持水体偏肥，按照少量多次的原则，定期补充有机肥；中后期随着投饲量和河蟹活动量的增加，剩饵、粪便等增多，容易浑水或过肥，需要保持水体清瘦，定期使用水质改良剂、芽孢杆菌等微生物制剂调节水质和底质，尤其是7~9月的高温季节，应视情况加大水质调节频率。

河蟹对水质条件的要求比鱼类要高，在整个饲养期间要始终保持水质清新、溶氧丰富，透明度控制在30~40 cm，至少一周测量一次水质，一旦发现问题及时采取应对措施，避免水质恶化。

养蟹池水pH值应保持在7~9，溶氧5 mg/L以上。新挖的池塘，水质大多呈酸性，要定期撒生石灰改良水质，增加水中钙离子含量，一般春季每月一次，夏秋季节每隔15~20天一次，每亩水深1 m生石灰用量5~10 kg，全池撒均匀，注意在高温季节生石灰应适当减量使用。

不同季节蟹池对水位的要求也不一样，在3~4月表层水温比底层水的水温高出3~5 ℃，而高水温是幼蟹快速生长的必要条件，因此，在饲养前期水深应控制在50 cm为宜；5~6月蟹池水深可渐增至0.8~1 m；7~8月进入高温季节和河蟹快速生长阶段，上下层水温差大，表层水温高，水深应控制在1.2~1.5 m。

3. 水草管理 水草在河蟹养殖过程中起着至关重要的作用，俗语有“蟹大小，看水草”，可见河蟹的养殖成败与水草的好坏息息相关。一般在2~3月栽种伊乐藻，3~5月分期播种苦草，夏季移栽金鱼藻和轮叶黑藻。养殖户在养殖前期一定要将水草种好，养殖过程中应密切注意水草的长势，定期做好水草的护理和长根、壮根等根系维护，并控制好水草面积。养殖前期要保证水草根系生长，使水草植株矮壮、叶面宽大。只有根系好，不易漂浮，吸收池底养分也多，后期水草才能长得好。养殖中期要防止水质剧烈变化，塘内养分被过度消耗。高温季节来临前，要及时割除草头，尤其是伊乐藻，防止高温烂草。养殖后期池塘水草主要以轮叶黑藻为主，要及时增加养分，保持水草覆盖率达到一半以上，并及时打捞死草、浮草。

影响水草生长的因素有很多，如池塘水质、池塘底质、光照条件、病虫害、用药情况等，都要密切关注，哪一个环节出了问题都不行。如果是在水草长势不旺或水草过少，池水清澈见底，不利于浮游生物的繁衍等情况下，要及时补种水草，并使用底质改良剂和生物制剂，来降低氨氮，促进水草生长和天然饵料的繁衍。如果水草长势过旺，如遇闷热天气，会使水草腐烂，极易引起水质恶化，诱发河蟹疾病，要及时割除过多的水草。

4. 日常管理 要建立塘口生产记录档案，做好塘口记录，利于经验的积累和总结。要坚持每天早晚各巡塘一次，检查水质状况，发现水质变化及时采取措施；观察河蟹摄食情况，及时调整饲料投喂量；查看水草和螺蛳的数量，及时调整补充；随时检查防逃设施，严防河蟹逃逸；防病除害，做好敌害防治、病害预防。在幼蟹放养阶段、夏季天气多变阶段、秋季收获前期，是河蟹逃逸最厉害的时候，要尤其注意巡塘，加强防逃管理。

五、病害防治

近几年来，随着养蟹规模的不断扩大，蟹病也在不断蔓延和升级，如纤毛虫病、颤抖病、甲壳溃疡、黑鳃病、肠炎病、水鳖子等，给养蟹业带来巨大的经济损失。蟹病的防治应遵循“重在防而非治”的原则，做到早发现、早治疗，无病先防，在不同生长阶段采取不同的方法进行预防。

养殖过程中，要定期用光合细菌、EM 菌等微生物制剂调节水质，高温季节定期使用生石灰、二溴海因等；定期使用底质改良剂，如分解型底改、芽孢杆菌、噬菌蛭弧菌等生物制品改善池底环境。只要保证放养健康的蟹种，保持池塘良好的水质，投喂新鲜优质的饲料等措施，可有效预防病害的发生。

一旦发生病害，要坚持对症下药，选用高效、低毒、无残留的绿色渔药，避免使用高残毒的抗生素、化学制剂、违禁渔药，避免出现滥用药物的现象。

1. 河蟹颤抖病

（1）症状：发病初期，病蟹摄食减少，蜕皮困难，活动能力减弱，随着病程的发展，步足爪尖变枯黄易脱落，螯足下垂无力，常离水后爬至塘边或水草上，步足环起，不能伸展，身体不能动弹，若将步足拉直，松手后又立即缩回，故又称“环腿病”；把蟹的腹部朝上放于桌面，蟹不能翻转身体；如用手敲击桌面，则蟹足阵阵抖动。成蟹发病高峰在6~8月，幼蟹发病高峰在8~10月。

（2）发病原因：本病为病毒感染，死亡率较高，是河蟹养殖生产中较严重的一种蟹病。除蟹种携带病毒以外，颤抖病与养蟹环境恶化有直接的关系，池塘老化、底质恶化、水草缺乏、营养不均衡等均易诱发此病。

（3）防治办法：选购优质苗种，不从疫区引进蟹苗，以生态预防为主，因地制宜种植多品种水草，为河蟹营造良好的生态环境；定期用二氧化氯、二氯海因等全池泼洒预防，经常使用水质、底质改良剂调节水体并拌服维生素C加免疫多糖，发现死蟹及时处理。

2. 河蟹黑鳃病

（1）症状：病蟹鳃部肿胀、鳃丝变暗或成黑色，鳃丝上黏液增多，严重时鳃丝萎缩、糜烂、坏死，部分病蟹肝胰腺颜色变为土黄色。病蟹行动迟缓，白天上岸上草匍匐不动，呼吸困难，俗称“叹气病”。

（2）发病原因：河蟹黑鳃病主要由弧菌、产气单胞菌、爱德华氏菌感染引起，水质恶化是主要诱因，在7~9月较易发生，主要为害成蟹。

（3）防治办法：放苗前彻底清塘，定期消毒，合理种植水草，尤其在高温季节确保水质清新可有效预防该病的发生。一旦发病，适量换水后，使用底质改良剂改良池塘底质，泼洒聚维酮碘溶液进行消毒，内服三黄散加多维，连用 2 天即可好转。

3. 河蟹肠炎病

（1）症状：病蟹食欲减退或不食，肠道发炎且无粪便，有浅黄色的黏液，有时口吐黄色泡沫，有时肝、肾、鳃也会发生病变。消化道内无食物，肠壁变薄，镜检可看到大量杆状细菌。

（2）发病原因：杆状细菌感染所致，在各地均有发生，幼蟹至成蟹的各个阶段都可能感染，主要为害成蟹，发病率不高，但死亡率较高。

（3）防治办法：河蟹肠炎病的预防重于治疗，在日常管理工作中要调节好池塘生态环境，及时捞除腐烂变质的青苔或饲料，定期对池塘进行消毒，拌服多维可有效防止肠炎病的发生。河蟹发生肠炎病之后摄食量会明显下降，可先用复合碘或聚维酮碘消毒，饲料中添加一些免疫多糖等诱食剂恢复螃蟹吃食量，待河蟹吃食量逐步恢复后使用底质改良剂改善养殖环境，在饲料中拌用大蒜素和适量维生素 C，连续使用 5~7 天。

4. 甲壳溃疡症

（1）症状：发病初期，病蟹步足尖端破损呈黑色并腐烂，然后步足各节及背中、胸板出现白色或褐色斑点，斑点中部凹下，严重时在蟹的腹部和步足表面出现多个形状、大小不同的黑褐色溃疡斑。随着病情发展，溃疡斑点扩大成形状不规则的大斑，中心溃疡较深，甲壳被侵袭成洞，可见肌肉和皮膜，继而引起其他细菌、真菌的侵入，严重影响河蟹的摄食和生长，最终导致河蟹死亡，并造成脱壳未遂的症状。

（2）发病原因：该病因河蟹步足尖端受损伤后被一种破坏

几丁质的细菌感染所致，幼蟹至成蟹各阶段均有可能感染。

（3）防治办法：加强饲养管理，定期泼洒益生菌，保持优良、稳定的水环境，保证饲料新鲜、卫生、营养全面；定期解毒，防止重金属中毒；夏季常加注新水，保持水质清新，并使池塘有5～10 cm 的软泥；定期调水和改底，并注重蜕壳期间的护理。一旦发病，全池泼洒消毒药物，配合底改增氧措施，同时饲料中添加磺胺类药物，首次加倍，连续投喂 3 天。

5. 河蟹纤毛虫病

（1）症状：纤毛虫少量寄生时，蟹外表无明显症状；大量寄生时，蟹体表可见许多绒纤毛状物，手摸有滑腻感。病蟹呼吸困难，食欲减退，常溜边不动，用手容易抓到。剥开甲壳，鳃呈黄色或黑色且附着许多污物，严重时可堵塞进出水孔，使河蟹窒息死亡。

（2）发病原因：本病是由寄生虫引起的疾病，在蟹塘有机物多、pH 值较低、流水不畅的情况下容易发病，幼蟹至成蟹的各个阶段都可能发生。

（3）防治办法：加强饲养管理，投喂优质饲料，投饲量适宜，合理密养和混养；定期向池中注入新水，保持池水清新；同时改善池塘环境，可减少纤毛虫病的发生。发病后使用硫酸锌、三氯异氰尿酸等药物，可以有效杀灭或减少蟹体表的纤毛虫。

6. 河蟹水瘪子病

（1）症状：病蟹长期伏在水草下不动，摄食量骤减，不蜕壳或蜕壳困难，即使蜕壳甲壳也难以硬化，肝胰脏发白、糜烂呈水溶状，腹腔大量积水，鳃部表面完好，镜检发现鳃丝毛糙损坏严重，偶尔夹杂少量气泡，肌肉萎缩，腹部发白部分透明，肠道基本无食或充满黄色物质，也称肝胰腺坏死病。

（2）发病原因：苗种问题、水草过密、天气骤变、细菌感染、营养不均衡、药残等因素均可导致水鳖子的发生。

（3）防治方法：由于水鳖子产生的原因很复杂，目前还没有一套完整的病理学研究和治疗方案，因此最好的办法就是预防，尽量降低其发生概率，从根本上减少损失。一要把好苗种关，挑选优质苗种，下塘后进行营养强化，杜绝前期苗种肝胰脏营养性和应激性损伤；二要严格控制中后期伊乐藻密度，保持水流畅通，割草、拉草、补肥一个都不能少；三要在饵料中添加适量营养物质（多维、氨基酸、微量元素等），增强抵抗力，注重改底，促进残饵、粪便的及时转化；四要严格控制饵料高温期投喂量，遇恶劣天气、水质突变要第一时间减料，及时采取措施应对，水草密度过高的塘口要经常开增氧机，促进水体对流，防止溶氧变化幅度过大；五要使用安全性高的消毒剂消毒，中后期尽量少杀虫，及时解毒，勤换水，谨慎处理蓝藻。

第七节　小龙虾池塘健康养殖技术

小龙虾，学名克氏原螯虾（*Procambarus clarkii*），也称龙虾、红螯虾或者淡水小龙虾，属温热带淡水虾类。原产于美国，目前广泛分布于世界各地，近年来已经成为我国重要的经济养殖品种。

一、小龙虾的生活习性

小龙虾广泛生活于淡水湖泊、河流、池塘、水沟及稻田等水域，是杂食性动物，底栖生物、浮游生物及各种水草、小鱼、小虾都可以作为它的食物，食物匮乏时也会自相残杀。幼虾生活在浅水区或池边，喜穴居，有时躲藏在石砾水草的隐蔽处。小龙虾生长速度较快，在适宜的条件下，经 2 个多月的养殖即可达到商品虾规格。雄虾生长快于雌虾，商品虾规格也较雌虾大。

小龙虾适应性极强，水温10~30 ℃均可正常生长，可耐受40 ℃以上的高温，也可在-14 ℃以下安然越冬，还能在含有高污染性毒素的水质中存活。研究表明，虾青素是小龙虾顽强生命力的秘密，机体虾青素含量越高，其抵御外界恶劣环境的能力就越强。由于小龙虾生长速度快、适应能力强，极容易在生态环境中形成绝对的竞争优势，而对当地物种造成破坏性伤害。

同其他许多甲壳类动物一样，小龙虾的生长也伴随着蜕壳，一般蜕壳11次即可达到性成熟，不同的是性成熟个体可以继续蜕皮生长。小龙虾蜕壳时一般需要寻找隐蔽物遮挡，如水草丛中或植物叶片间，蜕壳后最大体重增加量可达95%。

二、小龙虾池塘养殖的条件

小龙虾的养殖方式主要有池塘养虾、河沟养虾、稻田养虾、藕田养虾等，其中以池塘和稻田养虾为主，近几年也出现了虾蟹混养、稻虾轮作等养殖模式，这里主要对池塘养殖进行介绍。

1. 选址适宜 养殖场要远离工厂、矿区、施农药的农田，工业废水、重金属、杀虫剂等有毒有害物质污染源，水源充足，土壤、水质等指标符合国家标准。

2. 水质良好 小龙虾最适水温为18~30 ℃，最适pH值范围为7~8.5，养殖水质透明度控制在30~40 cm为宜，溶解氧在正常生长期保持在3 mg/L以上，蜕壳、孵化、育苗期必须达到5 mg/L以上。

3. 水草丰富 水草不仅是小龙虾良好的栖息场所和饵料，同时还能吸取水体及土壤中的无机盐，增加溶解氧，有利于改善池塘底质和水质，小龙虾池塘的水草覆盖率要求达到30%~50%。小龙虾池塘常用的水草分为浮水植物、沉水植物和挺水植物，其中沉水植物主要作为小龙虾的食物，以可食性水草为主，主要有马兰眼子菜、伊乐藻、轮叶黑藻、金鱼藻、苦草等；浮水植物和挺水植物主要用作隐蔽物和攀附物，主要有水花生、水浮莲、水葫芦、浮萍、水芹菜、芦苇等，具体的栽种品种需要根据当地情况选择，目前常用的主要以伊乐藻、轮叶黑藻、水花生等为主。

4. 池塘合理　池塘应为长方形，面积以 3~5 亩为宜，水深为 0.8~1.5 m，中间水深，四周有浅滩，进、排水方便，池埂有一定坡度，池塘中间要搭建泥埂，底部种植沉水植物，为小龙虾提供打洞穴居及隐蔽的场所。由于小龙虾善逃逸，为避免小龙虾外逃，池埂宽 1.5 m 以上，池埂四周设置防逃墙或防逃板。泥埂两头不能与池埂相连，长约为池长的 4/5，埂宽 1 m 以上，高出水面 5~10 cm。

三、苗种放养

虾苗放养一年四季均可进行，夏季放养一般在 7 月中下旬进行，每亩放养当年孵化的 0.8 cm 以上的稚虾 3 万~4 万尾；秋季放养时间在 8 月中旬至 9 月，投放当年培育的 1~3 cm 的大规格虾苗或虾种为主，每亩放养 1.5 万~3 万尾；冬春放养一般在 12 月或 3~4 月，主要投放不符合当年上市规格的虾，每亩放养 100~200 尾/kg 的虾种 1.5 万~2 万尾，到 6~7 月起捕上市。虾苗要求体质健壮、无病无伤、附肢齐全、活动力强。同一池塘放养的虾苗规格要求整齐一致。

虾苗投放应选择在晴天的清晨或傍晚进行，缓苗后再将虾苗放入池中，160~200 尾/kg 规格的虾苗，每亩投苗 50~60 kg。外购虾苗要就近选购，避免长途运输，尽量不要选择清塘虾苗，否则成活率无法保障。虾苗下塘第 2 天使用聚维酮碘进行消毒，避免带入外来病菌感染虾塘，在 7 天之内尽量避免大量加注新水、大量下肥、下虾笼起捕虾等，以免引起小龙虾应激反应。

四、饲养管理

小龙虾的胃小肠短，需要不断地进食才能满足生长需求，因此小龙虾的摄食不分昼夜，但傍晚至黎明是摄食高峰。饲料投喂一般采取少量多次、多点散投，把饲料投喂在岸边浅水处、池中浅滩和虾穴附近。在适宜的温度范围内，小龙虾的摄食量随水温的升高而增加，水温低于 8 ℃或超过 35 ℃时摄食量出现明显下降。夏秋季节分别在早上、中午和傍晚各投喂 1 次，秋冬季节水温较低时仅在傍晚投喂 1 次。

小龙虾的食性较杂，对饲料要求不是很高，饲料有大豆及豆饼、麸皮、配合饲料和动物内脏等动物性饵料等。近年来，随着饲料产业的发展，小龙虾配合饲料营养全面，且不易影响水质，已可以完全替代动物性饵料。一般要求，配合饲料中粗蛋白含量为 28%~30%，在水中的稳定性不小于 2 小时。

春季应将池水控制在 30~50 cm，利于水温升高促进小龙虾摄食，如果遇到连续的阴雨天气，要适当加深水位。水温 10 ℃以上开始投喂，间隔 2~3 天投喂一次，此时幼虾体质较弱，需投喂蛋白质含量较高的配合饲料，投喂量一般控制在幼虾体重的 2%左右。10 天左右肥水一次，清明前后投放一次螺蛳，投放量一般在 100 kg/亩左右，为幼虾提供天然饵料。

夏季高温季节要适当加深水位，水深控制在 1~1.5 m，利用早晚温度较低的时候投喂，同时结合池塘情况适当控制水草密度，密切注意池塘水质，做好抗应激措施，定期投喂维生素 C，提高小龙虾抵抗力。

秋季是小龙虾的生长旺季，要适当增加投喂量和投喂次数，定期补充钙质，促进小龙虾蜕壳生长。每 10 天泼洒一次芽孢杆菌等微生物水质改良剂，抑制致病菌群的生长，降解水体中的氨、氮及亚硝酸盐等有害物质，维持池塘良好的水质。每天坚持早晚各巡塘 1 次，观察小龙虾的活动和摄食情况、水色和水质的变化，做好病虫害的防治和敌害生物的清除工作，发现异常情况及时处理。

冬季由于天气、pH 值的波动较大，小龙虾池塘极易缺氧浮头，要注意加强巡塘管理，尤其是夜间巡塘。此时，小龙虾经过夏秋季高温等恶劣环境的挫伤，以及自身衰老现象，体质下降，感病概率也大大增加，一旦天气不稳定或者细菌感染均易造成死亡，养殖户要做好防病工作，定期使用益生菌，提升小龙虾的消化能力以及体质、抵抗力，避免疾病的发生。

小龙虾生长速度较快，经过 3~5 个月的饲养周期，规格达到 30 g 以上时即可捕捞上市，捕捞采取捕大留小的方法，达不到上市规格的继续留池饲养。

五、病害防治

在小龙虾养殖过程中，只有了解小龙虾常见病害的症状、发病原因及防治方法，才能在小龙虾养殖过程中做好病害预防工作，及时发现病情，及早做出补救措施。

1. 黑鳃病

（1）症状：患病的幼虾活动无力，多数在池底缓慢爬行，食欲减退或不摄食，患病的成虾常浮出水面或依附水草露出水外，行动缓慢，最后因呼吸困难而死。病虾鳃部变为褐色或深褐色，甚至变黑，鳃瓣萎缩，鳃组织坏死。

（2）发病原因：该病是鳃部受到真菌感染所致，由于池塘水质恶化，促使镰刀菌大量繁衍在小龙虾鳃丝、体壁、附肢基部或眼球上引起。

（3）防治方法：池塘选址远离污染源，并注意水质清洁，定期消毒水体，减少病原菌的发生机会。一旦发病，使用聚维酮碘或者戊二醛溶液全池泼洒 1 次，严重的隔天再泼洒一次。

2. 烂壳病

（1）症状：小龙虾发病后甲壳表面出现溃烂斑点，斑点呈灰白色，严重时呈黑色，轻轻按压会有凹陷的感觉，边缘溃烂、坏死或残缺不全。随着病情的发展，溃烂的部位会逐渐发展，严重的时候甲壳出现空洞，最终导致死亡。

（2）发病原因：被几丁质分解细菌感染，虾壳几丁质被细菌分解引起。

（3）防治方法：运输和投放虾苗时操作要细致，不要堆压和损伤虾体，伤残虾苗不入池；苗种下塘前用聚维酮碘溶液浸泡消毒；保持投饵充足、水质清新，避免虾体受到外伤。发生烂壳后，及时用聚维酮碘、戊二醛、复合碘、二氧化氯等消毒剂化水全池泼洒，病情严重的，连用 2 次，间隔 1 天泼洒 1 次。

3. 白斑综合征

（1）症状：病虾四肢无力，活动能力低下，体色发暗，部分胸甲处有黄白色斑点，解剖后发现病虾的胃肠道内没有食物。

（2）发病原因：小龙虾长期处于污染的环境，导致体质下降，尤其是在高温季节，长期阴雨天之后，浮游生物大量死亡，浮游动物大量滋生，极易造成白斑病。此外，龙虾的营养缺失也会诱发本病。

（3）防治方法：第一，改善水质，确保水环境的稳定；第二，在喂食的过程当中，尽量选择全价饲料，并时常添加电解多维、免疫多糖和一些抗病毒药物；第三，在高温时期或者是温度骤变期间，要及时减料，避免投放大量的食物；第四，高温季节保持水体深度，防止水温剧烈变化而引起的应激反应。

4. 弧菌病

（1）症状：感染初期摄食较正常，几天后发现虾体有断须、红须、烂尾的表现，若不及时处理会陆续出现爬边、空肠、空胃、肝脏颜色变浅、没有活力等症状，病虾从大到小逐渐死亡。

（2）发病原因：水质变差、底质恶化，造成弧菌在水体中大量繁殖，进而感染到虾体引起发病。

（3）防治方法：做好水体消毒，多巡塘、多观察，早发现、早预防，减少弧菌的发生是预防龙虾大批量死亡的最关键方法。

5. 软壳病

（1）症状：病虾壳软而薄，体色不红或灰暗，活动力差，食欲大幅减退，生长缓慢，身体协调能力差。

（2）发病原因：由于小龙虾昼伏夜出，且喜欢躲在水草下面，所以很少见到太阳，合成维生素 D 不足，导致缺钙；pH 值长期偏低、池底淤泥过厚、虾苗密度过大、长期投喂单一饲料等也会引发此病。

（3）防治方法：做好池塘的清理和消毒工作，加强营养，根据生长情况，尤其是在小龙虾脱壳前期增加一些补钙制剂。发病后及时调节水质，同时补充钙质和维生素 D。

第八节　黑斑蛙池塘健康养殖技术

黑斑蛙，学名黑斑侧褶蛙（*Pelophylax nigromaculatus*），属无尾目、蛙科、侧褶蛙属的两栖动物，俗称青蛙、田鸡等，广泛分布于我国各地，具有适应性强、繁殖快、用途广、易采集等优点。背面皮肤较粗糙，背侧褶明显，腹面光滑，体表有疣或痣粒，背面颜色多样，有淡绿色、黄绿色、深绿色、灰褐色等颜色，夹杂有许多大小不一的黑斑纹。成蛙以昆虫为食，可以捕食害虫，经常被用于防治病虫害，同时还是较为理想的实验动物，是中国经济价值较大的蛙类资源。

黑斑蛙肉质鲜嫩，营养价值丰富，深受消费者喜爱，曾因过度捕捉和栖息地的生态环境变化，种群数量急剧减少，被国家列为近危物种，要求各地严禁捕捉和买卖，以保护黑斑蛙野生资源。目前市场上的黑斑蛙，均为人工养殖的产品。

一、黑斑蛙的生活习性

黑斑蛙喜群居，营水陆两栖生活，生活范围广泛，在沿海平原至海拔 2 000 m 左右的丘陵、山区均有分布，喜欢在温湿且水草丛生的环境生活，常见于水田、池塘、湖泽、水沟等静水或流水缓慢的河流附近。善于跳跃和游泳，受惊时能连续跳跃多次进入水中，有昼伏夜出的习性，白天隐匿在农作物、水生植物或草丛中，夜晚出来活动捕食。

黑斑蛙属于变温动物，适宜生长温度为 22~30 ℃，11 月上旬开始活动能力减弱，气温在 13 ℃以下时陆续停止摄食进入冬眠，冬眠场所多在向阳的山坡、春花田、旱地及水渠、河、塘岸边的土穴或杂草堆里。冬眠时黑斑蛙的新陈代谢减弱，主要靠肝脏内的营养物质维持生存。冬眠期 5 个月左右，当气温回升到 15 ℃以上，冬眠的黑斑蛙开始出蛰，出蛰后即开始繁殖。

二、黑斑蛙池塘养殖的条件

池塘选址要保证水源充足、排灌方便、水质清洁、水温适宜，地势平坦，远离城市区及工农业污染源。池塘上方用网围起，以防鸟类捕食；四周有围网，围网基部埋入地下 15~20 cm，以防青蛙外逃、撞伤，同时对外来蛇、鼠也有防御作用；底部以泥土为宜，以利青蛙入土越冬。

根据青蛙不同的生长期，黑斑蛙养殖池塘分为产卵池、孵化池、蝌蚪池及成蛙池。

1. 产卵池　产卵池以长方形为主，池高 1 m 左右，池中相间 120 cm 挖平行沟畦，沟里放水，水深 10~15 cm，畦上每隔 30 cm放置一块木板，板上覆盖稻草，板下方的地面挖一浅沟，使种蛙进入栖息。产卵前先铺下细目网，产卵后将网连卵块一起移至孵化池孵化。

2. 孵化池 孵化池要便于观察蝌蚪、控制水温和水位，进、排水方便，面积1~5 m^2，池高0.4~0.5 m，水深15~20 cm。清洁干净，水质清新，溶氧充足，pH值6~8，以防阳光直接暴晒，以提高孵化率及减少病害。

3. 蝌蚪池 蝌蚪池多长方形，面积3~8 m^2，池高0.6~0.8 m。水泥池或泥土池均可，泥土池周围地边铺设黑色塑料布，便于清洗池底，并能吸收阳光增加水温，促进蝌蚪生长；水泥池壁抹水泥，池底留泥土，池壁有一定斜度。蝌蚪池需遮光，水陆比2∶1，每池饲养同样规格的蝌蚪。每平方米放蝌蚪1 000~2 000只，蝌蚪即将变态时，放入布袋或集蛙盒，供变态的幼蛙阴凉掩蔽及栖息。

4. 成蛙池 成蛙池以长方形为好，东西走向，不宜太大，100~200 m^2为宜，便于饲养管理，同时利于防治疾病。池塘中间有环沟，沟宽60~70 cm，沟内放水，水深10~15 cm。池里的水域不宜太多，应多留陆地以供栖息。池塘中央陆地上每隔10~20 cm放置一个木板，板下面垫高3~5 cm，保持阴凉及防止风吹雨淋，避免外界骚扰，利于青蛙栖息。池塘周围陆地上设置数个饲料台，一般200 m^2的蛙池需放置20个饲料台，饲料台一般用40目的尼龙网布制成，周围用小方木条做框架。

三、饲养管理

1. 蝌蚪饲养 蝌蚪期为杂食性，开口饵料为水体中的浮游生物，孵化前要提前肥水，培育饵料生物。刚孵出的小蝌蚪游泳能力较差，常吸附在池壁或水草上，要注意减少搅动池水，提高蝌蚪成活率。此时蝌蚪主要靠吸收卵黄囊营养维持生命，3~4天后开始摄食水体中的藻类和浮游生物，应适当投放轮虫、豆浆等，1

周后逐渐过渡为蝌蚪专用饲料。同一蝌蚪池最好放养孵化时间相近的蝌蚪，以免后期发育不均衡相互咬食，放养密度为300~500尾/m^2。每天投喂次数不少于2次，日投喂量在蝌蚪体重的2%~3%，并根据蝌蚪生长及摄食情况及时调整。蝌蚪是用鳃呼吸，因此对水体溶氧量有较高的要求，一般要求水中溶氧不得低于3 mg/L。大约1个月后，蝌蚪进入变态期，由原来的水生生活过渡为水陆两栖生活，需在水中栽种水葫芦等水生植物，方便蝌蚪上岸。当蝌蚪长出前肢之后，变态即将完成，不再摄食，主要靠吸收尾巴的营养生活，需根据蝌蚪的整体变态情况逐渐减少投喂量。此时，蝌蚪行动缓慢，可以利用这一有利时机，将其捕捉并转入成蛙池。蝌蚪大约经历2个多月后完成变态，成为幼蛙。

2. 幼蛙饲养 幼蛙前期放养密度为200~300只/m^2，50 g以下的幼蛙放养密度为100~200只/m^2。幼蛙上岸后，开始用肺呼吸，由于黑斑蛙高度近视，且两眼的间距较大，决定了其只能捕食活动的食物，因此需要驯食。驯食时，将饲料均匀撒在饲料台，再将饲料丢到黑斑蛙身上，黑斑蛙看到丢下的饲料会误以为是虫子而去捕食，同时黑斑蛙自身的弹跳会造成料台上的饲料弹跳，进而引诱黑斑蛙捕食。也可在料台上方装诱虫灯，晚上开灯诱虫，黑斑蛙捕食虫子的同时使料台上的饲料弹起而被捕食，慢慢形成在料台上吃饲料的习惯，从而达到训食的效果。幼蛙阶段，一般上午和下午各投喂一次，日投喂量为蛙体总重的5%左右。投喂的饲料应与幼蛙的口径相适应，刚变态的幼蛙投喂粒径为2 mm的稚蛙料，个体20~30 g时投喂粒径3 mm的幼蛙料，个体30~50 g时投喂粒径3. 5 mm的成蛙料。黑斑蛙主要是在晚间捕食，但在人工饲养下的黑斑蛙，白天晚上均能摄食，特别是在上午日出之前和下午日落之后摄食最为活跃，是喂食的最佳时机。幼蛙体质较弱，怕强光、惊动，对周围环境的变化比较敏感，平时要注意保持池塘周围安静。晴天的中午，要对滞留料台的幼蛙人为驱赶，避免引起脱水死亡。此外，要定期加水或者换水，保持水质新鲜。

3. 成蛙饲养 随着幼蛙逐渐长大，摄食量不断增大，生长速度不断加快，要及时增加饲料投喂、调整饲养密度。蛙体重 100 g 左右时，饲养密度为 30 只/m^2，后逐渐减少为 10～15 只/m^2。投喂的饲料表面光滑，吸水软化快，不含过多的盐、油脂和异味，饲料营养全面，蛋白质含量在 38%以上，饲料粒径以能一口吞食为宜。黑斑蛙贪食，为防摄食过多，要定期往饲料中拌三黄等保肝护胆类中草药和维生素，提高抵抗力。蛙类恐惧阳光直射，若池内无隐藏场合不利于黑斑蛙生长，沟内需种植水生植物或水稻，也可在四周种植蔬菜，并及时清理残食、粪便，定期改换池水，做好消毒工作，保持水质清新，减少疾病的发生。

4. 种蛙饲养 通常在 9～10 月开始挑选种蛙。挑选身体强壮、无病无伤的种蛙放入种蛙池，放养密度为 10～12 只/m^2，雌雄比例 1∶1。放养种蛙前，要对蛙池进行消毒，减少病害的发生。种蛙冬眠过后，来年清明前后当气温回升至 16～20 ℃时，种蛙开始自由抱对。一般情况下，3～5 天即会产卵，产卵过程中要避免种蛙受到打扰。产卵 1 小时后即可捞出卵块移入孵化池，正常的卵块为圆形或者方形。

四、病害防治

黑斑蛙的病害防治应以预防为主，养殖过程中，只要注意环境卫生，保证饲料新鲜、营养均衡、科学投喂，就可以减少病害的发生。黑斑蛙的常见病害有暴发性败血病、气泡病、车轮虫病、红腿病、胃肠炎等。

1. 红腿病

（1）症状：病蛙四肢无力、精神不振、活动及摄食能力减弱，腹部膨胀，口和肛门有带血的黏液，四肢充血，腹部及下颌有出血点，死前常出现呕吐、便血等症状。解剖可见腹腔有大量腹水，肝、脾、肾肿大并有出血点，胃肠充血并充满黏液。

（2）发病原因：病原体为嗜水气单胞菌及乙酸菌等革兰氏阴性菌，一年四季均可发生，多发于5~10月，传染速度快，若治疗不及时会导致大量死亡。该病又称败血症，为蛙类养殖中的常见病，多由于场地消毒不彻底、饲养密度过大引起。

（3）防治措施：定期换水，保持水质清新，合理控制养殖密度，定时、定量投喂食物。一旦发现红腿病蛙，及时将发病个体分离，控制疾病蔓延，对池塘进行消毒后，用恩诺沙星类加多维拌料投喂，连用5天。

2. 歪头病

（1）症状：又称脑膜炎。病蛙精神不振，行动迟缓，食欲减退，多出现“歪头”和眼球“白内障”等典型症状。发病蝌蚪后肢、腹部和口周围有明显的出血斑点，部分蝌蚪腹部膨大，仰浮于水面不由自主地打转，有时又恢复正常。解剖可见腹腔大量积水，肝脏发黑肿大并有出血斑点，脾脏缩小，肠道充血。

（2）发病原因：为脑膜炎败血伊丽莎白菌感染引起，蝌蚪、幼蛙和成蛙均可感染此病，传染性、死亡率较高，较难治愈，是近年来蛙类养殖过程中危害较大的一种疾病。

（3）防治方法：引种时严格检疫，养殖过程中勤换水、勤消毒，合理规划放养密度，疾病高发期间每月使用三黄散等中草药拌饵投喂，连续投喂5~7天。一旦发病，切不可将发病池的水引向其他池塘，防止对其他蛙池造成感染。目前还没有比较有效的治疗方法，为防止该病暴发，在发病初期就要及时处理，首先全塘消毒，然后在专业技术人员指导下进行处理，饲料中拌入磺胺类药物有一定的缓解作用。如果“白内障”现象较为严重的，需要加喂驱虫药。

3. 气泡病

（1）症状：患病蝌蚪腹部膨胀，失去平衡仰浮于水面，解剖后可见肠道充满气体，肠壁充血，严重时，膨胀的气泡阻碍正常血液循环，破坏心脏。

（2）发病原因：该病主要发生在4~5月的蝌蚪期和变态期，为蝌蚪期常见病。当水体溶氧或者氮过饱和时，过饱和的气体在水中形成微小的气泡，蝌蚪取食过程中不断吞食气泡，气泡在蝌蚪消化管内聚集过多引发气泡病，另外气泡大量附着在蝌蚪的体表也会引发气泡病。该病及时诊治很容易治愈，但是如果诊治不及时也会造成大量死亡。

（3）防治措施：勤换水，控制池中水生生物数量，定期使用芽孢杆菌瘦水、分解残饵，降低水体肥度，保证水质清新。黑斑蛙发病期间，及时用戊二醛、苯扎溴铵溶液等消毒剂消毒，缓解、修复体表炎症，迅速降低水体肥度。

4. 肠炎

（1）症状：病蛙垂头弓背，活动异常，摄食量明显减少，个体消瘦，反应迟钝，出现白便和血迹便，严重时导致脱肛，常与红腿病并发。蝌蚪发病后多浮于水面。解剖病蛙发现肠胃里无食物或少食，有许多黏液，肠胃壁充血发炎。

（2）发病原因：该病病原体为肠型点状气单胞菌和链球菌，多与水体和食物的卫生有关，暴饮暴食也会引发，是蝌蚪、幼蛙、成蛙共患的一种常见病，一旦发病，死亡率高。

（3）防治方法：定期换水，以保持水质清新；饲料投喂要定时、定量、定点，不投喂发霉、变质的饵料，在饲料中加拌一些大蒜、三黄散等也可有效预防肠炎的发生。发病后要及时进行全塘消毒，内服保多维和保肝利胆类药物，3~5天即可治愈。

5. 烂皮病

（1）症状：病蛙行动迟缓，精神不振，常潜居阴暗处，停止取食。发病初期，病蛙瞳孔出现粒状突起，继而全眼变白，失去视觉，同时背部皮肤失去光泽、局部充血、出现溃疡，溃疡灶开始为白色小点状，并渐渐扩大，严重者肌肉腐败、骨骼暴露，内脏器官未见异常。

（2）病因：多因皮肤有外伤，感染细菌而致，是幼蛙、成蛙共患的一种皮肤病。养殖密度过高、平时消毒不彻底、饵料不充足、维生素缺乏也会引发此病。

（3）防治方法：发病后要及时进行水体消毒，并联系专业人员，进行药敏试验后，用对症的抗生素类药物拌料饲喂，切勿滥用药物。

第九节　大鲵池塘健康养殖技术

大鲵（*Andrias davidianus*），属有尾目、隐鳃鲵科、大鲵属两栖动物，与恐龙繁衍生息于同一时代并延续至今的珍稀物种，世界上现存最古老，体型最大的两栖动物，国家二级保护动物，素有“活化石”之称。由于大鲵叫声很像婴儿的哭声，因此俗称娃娃鱼。中国大鲵除西藏、内蒙古、台湾未见报道外，大部分省、市、区均有分布，主产于长江、黄河及珠江中上游地区。

一、大鲵的生活习性

在自然生态环境中，大鲵常营底栖生活，一般栖息于深山密林的溪流或深潭内的岩洞、石穴之中，白天卧于洞穴内很少外出活动，夜间外出捕食，多住一个洞穴，喜阴暗，怕强光和惊吓。

大鲵属变温动物，主要在水域的中下层活动，适宜水温 15～22 ℃，适宜 pH 值范围为 6.5～8.0，对水体中的溶氧和水质要求较严格，一般要求水体溶解氧 5 mg/L 以上。在繁殖过程和幼体阶段，水体中的溶解氧需保持在 5.5 mg/L 以上。

大鲵用肺呼吸，需要常将头部伸到水面进行呼吸，皮肤也是它气体交换的重要器官，在含氧量较高的水中，可较长时间伏于水底。在人工饲养情况下，每 6~30 分钟需将鼻孔伸出水面呼吸一次，持续几秒至数十秒。

大鲵的视力不好，主要通过嗅觉和触觉来感知外界信息，能通过皮肤上的疣来感知水中的振动，进而捕捉鱼虾及昆虫。

大鲵食量大，食性很广，野生环境下主要捕食水中的鱼类、甲壳类、两栖类及小型节肢动物等，可捕食相当于自身长度 1/2 的鱼体，在不同的水域中，食物来源也略有不同。在人工养殖条件下，除了摄食各种野生鱼外，也能以一些动物尸体、动物血液或内脏为食，通过驯化也能摄取人工配合饲料。大鲵不能咀嚼，但是牙齿尖密，咬肌发达，猎物一旦被咬住很难逃脱，会被大鲵囫囵吞下。

在水质好、饵料资源丰富的生长环境下，大鲵生长速度较快。在人工养殖条件下，由于饵料营养全面、水温适宜，大鲵体重的增加明显比野外种群快，尤其以 2~5 龄时的生长速度最快。

自然条件下，大鲵一般 4 龄时达性成熟，在人工养殖条件下，雌鲵 4~5 龄达性成熟。大鲵为体外受精，当大鲵性成熟时，挤压雄鲵腹部能排出乳白色精液，滴入水中即可散去；雌鲵可产出念珠状长链型的带状卵。

二、大鲵池塘养殖的条件

池塘要选择在水源充足的地方，常年水温在 9~20 ℃的江河或水库附近。池塘一般用石头或砖块砌成，底及四壁用水泥抹平，尽量保持平整光滑。池塘可以根据地形特点设计，常为长方形，面积一般以 50~300 m^2 为宜，池高 1 m，每池均有进、出水孔。进水管应高于排水管，进水管一般离池底约 80 cm；排水管紧靠池底，便于清除沉积的污物。在池塘内用砖头、水泥板等材料建造人工洞穴若干个，但要尽量保持洞壁的光滑度，以免擦伤鲵体肌肤。洞穴内光线暗弱，避免光热；太阳光不能直射，以保池水阴凉，适合大鲵畏光、怕热的特性。洞穴与池底应以土质为佳，可铺垫 20 cm 厚的鹅卵石。

新的池塘建成后，应将池水注满，待 3~4 天后排干水，再重新注满新水，这样反复经过 3~4 次后，待水泥的碱性完全消失和池壁、洞壁上出现一层附着物时，就可放养鲵种。为确保鲵种鲜活饵料的供给，可就近建造饵料池，在饵料池中经常存养一定数量的鱼类、软体动物、蛙类等，如麦穗鱼、螺、蚌，小蝌蚪等，作为大鲵的饵料。

三、鲵种放养

大鲵苗种体质的优劣直接关系到饲养的成功与否，要从正规途径购买体质健壮、肌肉肥厚、体表无伤痕和寄生虫，未变态前外鳃完整无病变的优质苗种。选种时，用手搅动大鲵种苗，健康的苗种在水底爬动有力，收缩自如，不肿大，尾巴在水中摆动快。

为防止鲵种体表的病原微生物被带入养鲵池内，将所放养的大鲵苗种用高锰酸钾做体表消毒处理，将鲵种放入药液中浸洗 15~20 分钟，然后再放入养殖池中进行人工饲养。

放养密度视养殖大鲵规格和养殖场水源、水体、饵料等因素而定。一般情况下，苗种阶段大鲵活动范围较小，摄食能力较弱，为便于饲养管理，放养密度可适当偏大。成鲵活动范围较大，摄食能力强，加之有互相攻击性，放养密度应适当减小。一般情况下，6 cm 以下的大鲵幼苗每平方米可放养 50 尾，6~10 cm的大鲵幼苗每平方米放 30 尾，10 cm 以上的幼鲵每平方米水面可放 20 尾左右，成鲵阶段的放养密度为 5~20 尾/m^2。

大鲵有大吃小或吃卵粒的情况，为避免大鲵相互咬伤或残食，在放养时做好苗种的筛选工作，尽量做到每口养殖池内放养同一规格的鲵种，提高养鲵成活率。

四、饲养管理

1. 饲料投喂　大鲵以动物性饵料为食，饵料中除含丰富的蛋白质外，还应富含锌、铁、钙、磷及各种微量元素，人工投喂时饵料种类要力求做到广泛，并搭配投喂一定量的野杂鱼、小虾、蝌蚪、螺蚌等鲜活饵料。饵料投喂应做到“四定”，即“定时、定位、定质、定量”：定时，大鲵具有昼伏夜出的生活习性，投喂多在傍晚进行；定位，饵料投放位置应在大鲵洞穴附近，便于懒惰的大鲵取食；定质，大鲵对饵料质量要求较严，要求鲜活，并且对饵料的品种不能变化太大，避免大鲵拒食；定量，大鲵贪食，喂食量应由少到多，循序渐进，一般按体重的10%~15%进行投喂，具体投喂时还应根据水温、天气状况、大鲵个体等情况进行适当调整。投喂前首先将动物内脏洗净，用绞肉机将动物内脏绞至所需细度投放于饵料台上。每次投饵前应将饵料台清洗干净，保证饵料台的清洁卫生，不可将动物内脏、血块、下脚料等直接投于水体中，这样不仅会降低饵料利用率，更易引起水质污染。在投喂鲜活饵料时，可将鱼虾类、螺蚌类或蝌蚪等活体直接投入养殖池内，让大鲵自由捕食，这样能大大提高饵料的利用率和增加摄食量。在大鲵摄食过程中，应避免惊扰，因大鲵受到惊吓刺激后有“吐食”行为。

2. 水质调节　养鲵池的水源要充沛，水质应经常保持清爽，无污染，池水透明度较高，水体溶解氧在5 mg/L以上，pH值在6.5~8.0。在实际养殖过程中，要及时清除残饵和排泄物，保证大鲵养殖池内水的流动，以利于大鲵的生长发育。特别是在大鲵的繁殖季节，流动的水可刺激大鲵的神经系统，促进性腺发育，提高繁殖率。

3. 水温控制 水温对大鲵的生长发育也至关重要，最适宜水温为15~22 ℃。在炎热的夏季和寒冷的冬季，必须采取降温或增温措施，确保大鲵有一个适宜的生长环境。夏季高温季节，为防止太阳光的直射暴晒，可在池内放养一些水生植物如水葫芦、水浮萍、水浮莲等，并在养殖池四周种植藤蔓植物，可有效地预防池内水温发生突变，也可搭盖遮阳网。初冬时节，当水温降至10 ℃以下时大鲵便进行冬眠，在人工养殖条件下，为促使大鲵迅速生长发育，一般利用地热水、工业温水或修建温室大棚等一系列方法来调节大鲵池内的水温，使水温经常恒定在15~22 ℃，以便大鲵在冬季仍能正常摄食和生长发育，这也是提高养鲵产量的关键之一。

五、病害防治

在人工养殖过程中，由于改变了大鲵的生态环境和生活习性，加上所投喂的饵料过多、放养密度相对增大，水质极易受到污染；当饵料缺乏时常引起大鲵的格斗撕咬，从而受伤，使其感染病菌的概率增大。在养殖过程中，要注意定期用消毒剂泼洒全池，进行彻底消毒灭菌处理。一旦发现大鲵患病时，应迅速将病鲵隔离，分池饲养。

1. 腹胀病（又称腹水病）

（1）症状：病鲵浮于水面，行动呆滞，不摄食，眼睛变浑，腹部膨胀，有时肛门部位可见粪便黏着。解剖检查，发现腹腔积水，肺部发红充血。

（2）发病原因：嗜水气单胞菌感染所致，多由饵料腐烂、水质恶化引起。

（3）防治方法：经常换水可预防此病。发病后，要对病鲵单独饲养，放浅池水，让其腹部能着底，以免消耗太多体能，另外还要保证水质清新。对于苗种，由于消化功能不强造成的此病，可停食 1~2 天。对于成鲵，由于内脏感染产生大量腹水，可用每千克体重 10 000 u 卡那霉素肌内注射，庆大霉素对此病也均有较好疗效。若处理得当，病鲵眼可复明，腹胀消失，恢复健康。

2. 腐皮病

（1）症状：病鲵口腔、尾柄、头部稍充血，体表有许多白色小点，并逐渐发展成白色斑块。随着病情的发展，白色斑块进一步腐烂成溃疡状，可见到红色的肌肉，尤以四肢最为严重，继而卧伏于池中不食，不久就死亡。解剖发现肝脏肿大呈紫红色，胃、肠道充血，心脏失血变淡，肺紫红色。

（2）发病原因：荧光假单胞菌感染引起，多由喂食不健康的饵料引起。

（3）防治方法：经常换水，保持水质清新，并投喂新鲜饲料，可有效减少病原菌。从外地运回的苗种，先进行消毒再放入池中。在投喂活鲜饵料如青蛙、泥鳅和活鱼时要严格消毒。一旦发病，全池消毒。对于能吃东西的病鲵，口服恩诺沙星和多种维生素，连续口服 5 天。对于不能摄食的病鲵，按每千克体重肌内注射庆大霉素 1 000 u，隔 1 天后复注 1 次。

3. 烂嘴病

（1）症状：病鲵口腔溃烂，有的上下唇肿大、渗血、溃烂，严重的露出上下颌骨，有的嘴唇外表正常，但口腔内上腭组织形成大块蚀斑，并引起严重出血，也有的病鲵两种症状均有。病鲵长时间不能进食，体质减弱，易引起并发感染而死亡。

（2）发病原因：此病是由患口腔溃烂病的青蛙传染而致。

（3）防治方法：投喂青蛙时，事先要将青蛙进行严格消毒，不投喂患病的青蛙。发现病鲵要及时隔离，病情较轻的，可用庆大霉素 4 mg/L 连续浸泡 10 天，可治愈。

4. 烂尾病

（1）症状：患病初期，病鲵尾柄基部至尾部末端常出现红色小点或红色斑块，周围皮肤组织充血发炎，表皮呈灰白色。随着病情的发展，会形成疮样病灶。严重时患处肌肉组织坏死，尾部骨骼外露，常有暗红色或淡黄色液体渗出。继而病鲵停止进食，伏底不动，不久后便死亡。

（2）发病原因：由荧光假单胞菌感染引起，当大鲵的皮肤受伤后，病菌乘虚而入引起此病。

（3）防治方法：勤换水，保持良好的水质，可以减少此病发生。发现病鲵后，应及时隔离治疗。对病鲵采用高锰酸钾溶液清洗患处的方法进行治疗（浓度为每立方米水加入 20 g 高锰酸钾）。连续 5~10 天为一个疗程。

5. 水霉病

（1）症状：病鲵头部、躯干部、四肢、尾部有水霉寄生，发病早期只见寄生部位边缘有不明显的小白点，病鲵急躁不安地全池游动，有的在池中整个身体翻转，随后逐渐长出棉絮状菌丝，感染部位肌肉溃烂，严重的出血，最后导致全身感染病菌，游动无力，体质消瘦，不摄食，如处理不及时会引起并发症导致死亡。刮除病鲵身上的菌丝后，可见四肢上有许多肉瘤状圆点并出血，触之病鲵有剧烈痛感。

（2）发病原因：由霉菌寄生在大鲵的创伤部位所引起。

（3）防治方法：控制好水体环境，严禁使用有毒、有害、有污染的水源；同规格的大鲵群养，在摄食旺季，如无特殊需要，不要进行规格调整，防止互相咬伤；保证饵料充足，防止因争食而误伤；水位不要太低，防止蚊虫叮咬；经常巡视饲养池，发现问题及时处理。发现病鲵要捞出单独饲养，然后彻底清洗原饲养池。清除病鲵病灶部位的水霉，然后用药棉蘸取消毒药水清洗创面，并撒上一定量的消炎药粉，静置 30 分钟后放入水中。对于病情较重的大鲵，还需要在专业人员的指导下注射消炎针剂。

第六章　池塘养殖用水处理技术

近年来，全球水产（动物）养殖业发展迅猛，水产养殖在供给消费者水产品方面逐渐发挥主导作用，成为人们消费水产品的主要来源，因此，水产养殖的健康发展对消费者的健康具有重要意义。

水是池塘养殖动物赖以生存的环境，池塘养殖要想达到高产、高效的目的，除了要有理想的池塘条件、优质的饲料供应和健康的鱼种之外，还要有良好的水质。

我国水产养殖业飞速发展，带来巨大经济效益的同时，也使养殖用水遭到了严重污染，氮、磷等污染物大量存在于水产养殖排放的废水中，出现富营养化。若任由其发展，水产养殖业的发展会因水质问题受到很大程度的制约。

第一节　池塘养殖用水的处理

池塘养殖用水的好坏直接关系到养殖的成败，养殖废水必须经过净化处理达标后，才可以排放到外界环境中。水产养殖池塘的水处理包括源水处理、尾水处理及水质调控三个方面。

一、源水处理

水产养殖场在选址时应首先选择有良好水源的地区，如果源水水质存在问题或者阶段性不能满足养殖需要，应考虑建设源水处理设施。源水处理设施一般有沉淀池、快滤池、杀菌消毒设施等。

沉淀池是应用沉淀原理去除水中悬浮物的一种水处理设施。沉淀池的水力停留时间一般应大于 2 小时。

快滤池是一种通过滤料截留水体中悬浮固体和部分细菌、微生物等的水处理设施。对于悬浮物较高或藻类寄生虫等较多的养殖源水，可采取建造快滤池的方式进行水处理。

二、尾水处理

水产养殖尾水中的污染主要来自以下两方面：一方面是来源于养殖水源，由于自然水体中有来自工业废水、生活污水中的污染物，而被污染的水体被用于水产养殖的水源；另一方面由于过量的使用营养素、药物或者饲料，以及养殖生物的排泄物等，使得养殖水体中的重金属、有机物、氮磷、COD（化学需氧量）、BOD（生物需氧量）等含量超过水产生物本身所需量而造成污染。池塘养殖尾水相对工业废水、生活污水等来说，污染程度较低，仅限于富营养化，因此只要处理设计得当、净化材料选用合理，完全可达到尾水处理的目标。

目前，水产养殖尾水处理常用的方式一般有生物处理、物理处理、化学处理以及综合处理等方式。

1. 生物处理　养殖尾水生物处理，主要是利用生态净化设施处理排放水体中的富营养物质，并将水体中的富营养物质转化为可利用的产品，实现循环经济和水体净化。

国内开展的水产养殖生物处理技术主要有水生植物、藻类、水生动物、微生物、人工湿地等，其中微生物净化尾水技术最为成熟，已逐渐成为水产养殖尾水处理研究与开发的热点。常用于生物处理的微生物主要有硝化细菌、光合细菌、枯草杆菌、放线菌、乳酸菌、芽孢杆菌、链球菌等，具有抑制致病原菌生长、净化水质的作用。把有益细菌投放到养殖水体中，可以有效改善水质、减少病害、提高水产养殖经济效益。

目前，生产上常用的生态沟渠、人工湿地、生态净化塘等均是生物处理方式的有效应用。

生态沟渠是利用养殖场的进、排水渠道构建的一种生态净化系统，由多种动植物组成，具有净化水体和生产功能。生态沟渠的生物布置方式一般是在渠道底部种植沉水植物、放置贝类等，在渠道周边种植挺水植物，在开阔水面放置生物浮床、种植浮水植物，在水体中放养滤食性、杂食性水生动物，在渠壁和浅水区增殖着生藻类等。有的生态沟渠是利用生化措施进行水体净化处理，这种沟渠主要是在沟渠内布置生物填料如立体生物填料、人工水草、生物刷等，利用这些生物载体附着细菌，对养殖水体进行净化处理。

人工湿地是模拟自然湿地的人工生态系统，它类似自然沼泽地，但由人工建造和控制，是一种人为地将石、沙、土壤、煤渣等一种或几种介质按一定比例构成基质，并有选择性地植入植物的水处理生态系统。人工湿地的主要组成部分为人工基质、水生植物和微生物。人工湿地对水体的净化效果是基质、水生植物和微生物共同作用的结果。人工湿地按水体在其中的流动方式，可分为表面流人工湿地和潜流型人工湿地两种类型。人工湿地水体净化包含物理、化学、生物等净化过程。当富营养化水流过人工湿地时，沙石、土壤具有物理过滤功能，可以对水体中的悬浮物进行截流过滤；沙石、土壤又是细菌的载体，可以对水体中的营养盐进行消化吸收分解；湿地植物可以吸收水体中的营养盐，也可以使水质得到净化。利用人工湿地构筑循环水池塘养殖系统，可以达到节水、循环、高效的养殖目的。

生态净化塘是一种利用多种生物进行水体净化处理的池塘。塘内一般种植水生植物，以吸收净化水体中的氮、磷等营养盐；通过放置滤食性鱼、贝等吸收水体中的碎屑、有机物等。生态净化塘的构建要结合养殖场的布局和排放水情况，尽量利用废塘和闲散地建设。生态净化塘的动植物配置要有一定的比例，符合生态结构原理要求。生态净化塘的建设、管理、维护等成本比人工湿地要低。

2. 物理处理 在水产养殖尾水处理中，常用的物理处理技术有机械过滤和泡沫分离技术，两者都用于废水的初步处理。

机械过滤原理是阻隔吸附，属于基本的污水处理法。养殖废水中的残饵和水产品排泄物，大部分以悬浮颗粒物形式存在，采用物理过滤技术去除是最为方便有效的方法。在养殖废水处理中，机械过滤器过滤效果较好，也是目前应用较多的过滤器，但机械过滤对 COD、BOD、氮、磷的去除效果不佳。例如，沙滤池能较好地将大颗粒的养殖残饵和粪便去除，经常被用于循环水养殖类养殖场。

泡沫分离技术也经常被用于水产养殖尾水的初步处理，向养殖废水中通入空气后，形成微小气泡，尾水中具有表面活性的部分污染物就会被微小气泡吸附，随气泡一起上浮形成泡沫。对泡沫进行分离，即可去除该部分溶解态和悬浮态污染物。泡沫分离技术在去除有毒有害污染物质的同时，也为养殖水体提供了必需的溶解氧，有效地维护了养殖水体的水环境，促进养殖水产品的成长发育。

3. 化学处理 用于养殖尾水处理的化学法通常为化学氧化，常用的氧化剂有臭氧、过氧化氢、二氧化氯、液氯等。氧化剂具有氧化分解难以生物降解的溶解态有机物的作用，是养殖尾水深度处理的主要手段。臭氧具有很强的氧化性，在水中分解的中间物质羟基自由基（-OH），可以分解不易生物降解且难以被一般氧化剂氧化的溶解态有机物。用臭氧处理废水，既能增加水中溶解氧，增加养殖水体的氧含量，又能够快速消灭细菌、病毒和氨等有毒有害成分，从而达到净化养殖废水，改善养殖水体的目的。臭氧在鱼虾养殖废水处理中实际应用效果良好，当臭氧投放量达到0.59 mg/L，灭菌率可达99.12%。此外，臭氧能快速降低养殖废水的COD，增加溶解氧含量，并且可大大降低水中氨氮和亚硝态氮浓度，但所消耗的臭氧量也相对较大。

总体而言，化学氧化虽然具有处理效率很高的优点，但需要特定仪器设备，费用高，而且过量的试剂很容易引起二次污染。目前，臭氧氧化技术主要应用于海水养殖的循环水处理。

4. 综合处理 物理化学相结合的综合方法，是养殖尾水处理的主要方法之一，如化学沉淀法，通过添加一定的化学絮凝剂，再经过沉淀，去除废水中的颗粒物及无机物。

在臭氧氧化与生物膜的结合技术中，在陶瓷微滤膜之前使用臭氧进行初级处理，不仅可以提高污染物的去除率，而且对缓解膜污染具有很重要的作用；将臭氧与地表水混合后通入膜组件，能够提高有机物的降解率，并同样缓解了膜污染；在臭氧存在的条件下，膜的通量会保持在一个稳定值，并且能够很好地降解污染物质。将膜分离技术与高级氧化技术相耦合用于废水的深度处理过程，不仅能够利用膜截留来浓缩废水中的有毒有害物质，而且还可以用高级氧化技术中的氧化剂来降解膜截留的污染物质。如此一来，这种耦合技术在一方面解决了膜分离中浓缩水的二次污染问题和缓解膜污染问题，另一方面也提高了高级氧化技术中氧化剂与污染物接触的概率，提高了其氧化基团的利用效率。该技术是未来尾水处理的主要发展方向之一。

三、水质调控

俗话说“养鱼先养水”，水体是水产养殖动物赖以生存的基本条件和关键要素，池塘水质的优劣与鱼类的生长发育情况密切相关。一般来说，好的水质可以归纳为“肥、活、嫩、爽”四个字。

养殖过程中，造成水质的变化主要有两方面的原因：一是水的理化因素，也是水质转变的内因，包含阳光、水温、溶解氧、二氧化碳、氯化氢、无机盐、有机物、透明度及水色等，是影响水质的最重要因素；二是养殖中的投入品，是导致水质变化的直接诱因，必须在实践中强化管理和科学应用。

近年来，随着水产养殖规模化、集约化程度的提高，生产中的投入品也越来越多，水质的调控面临着前所未有的挑战，怎样调控好养殖池塘的水质，已经成为养殖户务必掌握的一门技术。

1. 综合种养，原位修复水质 目前生产上主要采用鱼菜、鱼稻综合种养技术，通过在养殖池塘种植水培蔬菜、观赏花卉、水稻等植物，充分发挥植物根系的吸收作用，将溶解于水体中的氮、磷元素转移，降低污染源浓度，达到水质净化的目的。浮床设置和水稻种植面积应根据养殖品种、放养密度而确定，一般按种养面积占池塘面积的5%~8%进行。

2. 合理混养，多营养级转化 养殖水体是一个相对独立的水体空间，在这个空间的上、中、底层，各种物理、化学性质有很大差异，天然饵料种类和数量在各水层中也很不相同。混养是根据养殖品种的生物学特点，将不同的水产动物饲养在同一鱼塘，合理利用饵料，充分发挥池塘各层水体的生产力，从而产生最大的效益。在确定主养品种的同时，需要进行多营养层级转化，包括消化分解、微生物转化，低营养层级动植物、高营养层级动物相搭配，既要考虑利用微生态制剂、水生维管束植物，搭配滤食性鲢鳙，还要少量放养能够利用碎屑的鲫鱼、河蚌及螺蛳等。

3. 科学投喂，配合饲料替代幼杂鱼　养殖过程中投入的饲料有10%~20%不能被水产动物摄食，而是以溶解或颗粒物的形式留存于水体；被水产动物摄入的饲料中仅有20%~25%的氮元素和25%~40%的磷元素能用于水产动物生长，剩余75%~80%的氮和60%~75%的磷会被重新排入水体。精饲料投入较多，对水质的为害就越大，在投喂时应掌握科学合理投喂的标准，依据气温、水质及鱼类进食状况灵便把握投喂量，以免造成不良影响。一般情况下，天气晴好、水质清爽、鱼类进食充沛时可适度多投；相反，则酌情考虑少投或不投。

一直以来，在肉食性鱼类的饲养过程中，普遍使用幼杂鱼、动物内脏等作饵料。由于幼杂鱼及动物内脏中含有大量的细菌和病毒，大量投喂于水体之后，其有害物质会聚集于水产品及池塘水体之中，会对池塘水质造成较大影响，尤其在夏季高温季节，经常会导致大规模传染性病害的暴发，给养殖户带来极大的损失。配合饲料营养成分全面且丰富，鱼类经人工驯化后，可使用配合饲料替代幼杂鱼饲喂，可以有效提升养殖池塘水质，减少病害发生率。

4. 适度施肥，微生物调水　适当施肥可促进鱼类生长，但是施肥过量则极易导致水体恶化，生产中要根据养殖品种及水体情况科学施肥、适度施肥。一看养殖的品种。养鲢鳙鱼为主的池塘，水质要求较肥可多施；养草鱼、鲂鱼为主的池塘，水质要求清爽，肥要少施；养鲤鱼、鲫鱼等为主的池塘，要保持高溶氧、活水体，可不进行追肥。二看水色。黄绿色或褐色池水，表明水体浮游生物多，可不施肥；池水清澈见底，表明水体浮游生物少，要多施肥。三看天气。开春时候，水温不断升高，昼夜温差大，要适当追肥、投饵；高温季节，浮游植物茂盛，鱼类食欲也旺盛，要少施肥；气压低、天气闷热时，不能施肥。四看水草。水草多的池塘可少施或不施肥，水草少或无水草的时候可多施肥。五看池塘深浅。一般鱼塘深可多施，鱼塘浅应少施。

在养殖水体中，微生物多样共生，当有益微生物处于优势时水质稳定，当有害微生物处于优势时，病原微生物大量繁殖肆虐，水质容易恶化，引发病害暴发。传统的养殖方法中经常换水并使用较刺激的消毒药，极易造成藻相变化大、菌相失衡，严重破坏池塘的微生态环境，引发鱼虾应激，诱发疾病，且容易造成耐药性和药物残留。池塘生态养殖技术提倡定期使用微生物制剂来调节水质。一般情况下，选择水温在25℃以上，日照较好的天气，使用光合细菌、芽孢杆菌、底质改良剂等生物制剂，通过微生物分解水体中的氨氮、亚硝酸盐等有害物质，维持鱼塘生态环境的稳定，增强鱼体免疫力。

5. 科学防病，坚持用药减量 以绿色生态健康养殖为导向，积极落实防病措施，坚持以防为主的原则，从养殖用水、生产管理、苗种质量、饲料兽药、药残监测等方面建立生产全过程质量安全监控体系。规范用药意识，对症用药、精准用药、依法用药，不使用孔雀石绿、硝基呋喃类等禁用药品及化合物和氧氟沙星、环丙沙星等停用药品；不使用假劣兽药和原料药、人用药，以及所谓“非药品”“动保产品”等国家未批准产品；尽量减少全池泼洒用药，可采用在饵料台挂药袋或拌喂内服药物的方法加强病害预防。

6. 加强日常管理 日常管理中，平衡溶解氧、氮磷比和碳氮比，保持池塘水体“菌相”“藻相”互相平衡，同时保持总硬度相对稳定，促进有机质沉积、絮凝，减少尾水排放量，池塘水体才能够保持较好的稳定性。

（1）平衡溶解氧：选用多种形式的增氧机械，如叶轮式增氧机、水车式增氧机、微孔增氧设备联合应用，达到池塘水体平衡增氧的效果，满足养殖品种及微生物等对溶氧的需求。根据天气和水产动物的摄食、活动情况，适时开启增氧设备增氧。晴天中午开傍晚不开，阴天清晨开白天不开，连续阴雨天半夜开，浮头提前开，生长旺季天天开，以增加池水溶氧，提升水体自净能力，为鱼类提供舒适的生长环境。

（2）平衡氮磷比：水体中的氮磷比决定藻相的变化，重点体现在水体的肥度和肥水效果上。随着高温季节的到来，池塘水体中藻类增多，繁殖速度加快，同时，水产动物也处于快速生长期，对水体可溶性磷源营养的需求量显著增加。此时溶解状态的磷元素不仅成为生产的限制性因素，而且过高氮磷比加上高温天气，极易造成蓝藻数量激增，甚至形成“水华”。

（3）补充碳源：水体中的碳氮比决定着池塘菌相的变化，重点体现在水体的“稳度”和稳定效果。在养殖初期，水体中有机碳的含量会逐渐积累并达到高峰，随着饲料投喂量的不断增加，即氮的输入逐渐增加，水体中有机碳的含量快速下降，难以满足生产需要，不仅降低了藻类的光合作用，而且加剧了水体亚硝酸盐、氨氮、硫化氢等有害物质的产生。

第二节　“三池两坝”尾水处理技术

“三池两坝”尾水处理技术是通过建立沉淀池、曝气池、生态净化池“三池”和两个过滤坝，对养殖尾水进行净化处理后，排入自然环境或者再次用于养殖生产的技术，是近年来农业部门主推的养殖尾水治理新技术。该技术可以有效降低尾水中氮磷物质的含量，大大减少农业面源污染，切实改善养殖环境，促进渔业产业转型升级，构建产出高效、产品安全、资源节约、环境友好的现代渔业产业体系。

一、处理工艺

“三池两坝”尾水处理技术主要采用“沉淀池—过滤坝—曝气池—过滤坝—生物净化池”的工艺流程（图6-1），“三池”即沉淀池、曝气池、生物净化池，“两坝”即两组过滤坝。养殖池塘的尾水通过沟渠等汇集至沉淀池，在沉淀池中进行沉淀处理，使尾水中的悬浮物沉淀至池底；经沉淀后，尾水进入过滤坝以过滤出其中的颗粒物；尾水经过滤后进入曝气池，通过曝气增加水体溶氧，同时添加微生物制剂，进一步加速水体中有机质的分解；尾水经曝气处理后经过第二道过滤坝，再一次过滤水体中的颗粒物，继而进入生物净化池；通过生物净化池中的水生植物和动物吸收尾水中的氮磷等无机物及藻类，最终达到零排放。

该技术集合了物理沉淀、填料过滤、曝气氧化、生物同化等多种工艺于一体，综合运用了物理、化学和生物三类尾水处理技术，实现了养殖尾水的达标排放或循环利用，目前已在全国各地推广应用。

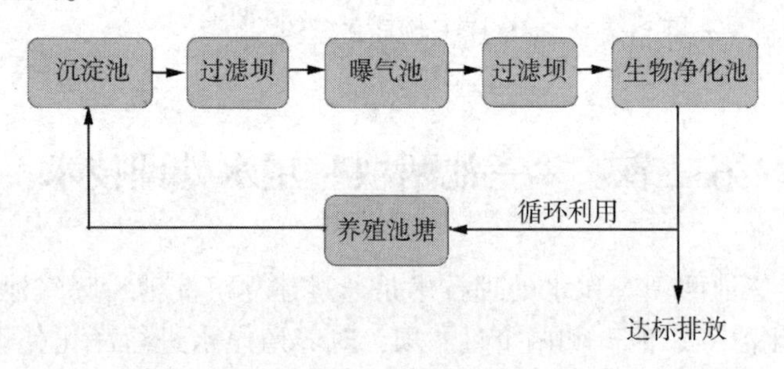

图6-1 “三池两坝”尾水处理技术的工艺流程

二、适用范围

“三池两坝”尾水处理技术主要用于50亩以上淡水集中连片

池塘养殖，实际应用时应根据水产品种、饲养密度、水量水力等情况因地制宜进行设计。一般情况下，为达到最佳的尾水处理效果，不同水产动物品种尾水处理设施总面积须达到养殖总面积的一定比例：饲养四大家鱼、罗非鱼等品种的池塘，尾水治理设施总面积应不小于池塘养殖总面积的6%；饲养鳜鱼、鲈鱼等肉食性鱼类的池塘，尾水治理设施总面积不应小于池塘养殖总面积的8%；饲养虾类的池塘，尾水治理设施总面积不小于池塘养殖总面积的5%；饲养蟹类的池塘，尾水治理设施总面积不小于养殖总面积的3%。

为达到尾水处理最佳效果，沉淀池与生态净化池面积应尽可能大，沉淀池、曝气池、生态净化池的比例约为45：5：50。

三、建设标准

1. 沉淀池　沉淀池主要用于养殖尾水的初步处理，面积占尾水处理设施总面积的30%～40%，深度最好达到2.5 m以上。养殖尾水进入沉淀池后，须滞留一定时间，使水体中悬浮物沉淀至池底。为了增加水体滞留时间，池内需设置“之”字形、“非”字形等挡水设施。沉淀池中种植水生植物，种植面积占沉淀池面积的50%以上，以吸收利用水体中营养无机盐。

2. 曝气池　曝气池面积占尾水处理设施总面积的20%～30%，在池底安装曝气管，通过底部增氧的方式，增加水体溶解氧的含量，同时加入光合细菌、芽孢杆菌、硝化细菌等微生物制剂，通过微生物的分解作用降解水体中的氨氮。曝气头设置密度每3 m^2 不小于1个，曝气头安装时应距离池底30 cm以上，罗茨风机功率配备不小于每100个曝气头3 kW。

3. 生物净化池　生物净化池主要通过种植沉水、挺水、浮叶等各类水生植物，放养少量鲢鳙等滤食性鱼类和螺蚌类等水生生物，构建综合立体生态处理系统，利用水生植物吸收水体中残留的氮磷等无机盐，水生动物滤食水体中的浮游动植物，实现生物净化作用。生态净化池面积一般为尾水处理设施总面积的40%~50%，其中水生植物面积占比30%以上。每亩放养鲢鱼100~200尾、鳙鱼10~30尾、螺蛳5 kg时，应在岸边种植挺水植物，浅水区种植沉水植物，深水区放置生态浮床。实际生产中，常用的沉水植物有苦草、伊乐藻、金鱼藻、狐尾藻、眼子菜等，挺水植物有莲藕、香蒲、水芹、美人蕉等，浮叶植物有空心菜、凤眼莲、睡莲、菖蒲等，生产中要合理选择植物种类，分类搭配，保证四季均有植物生长。

4. 过滤坝　过滤坝主要采用物理处理方式对尾水进行处理，利用坝体中的滤料过滤尾水中的颗粒物。过滤坝的建设应根据饲养品种的不同及池塘条件科学规划，一般情况下建设两条，一条位于沉淀池与曝气池之间，一条位于曝气池与生态池之间。过滤坝宽度一般不小于2 m，长度不小于5 m，主体结构为空心砖或钢架结构，空心砖孔洞方向与水流方向保持一致，底部采用水泥硬化，坝体填充多孔质轻、大小不一的滤料，如陶粒、火山石、细沙、碎石、棕片和活性炭等，坝前设置一道与坝持平的细网，用以拦截落叶等漂浮物。

第三节　微藻应用技术

微藻是一类含有叶绿素a并能进行光合作用的微生物的总称，能够利用水体中的碳、氮、磷生长并合成自身所需的蛋白质、核酸等细胞成分，具有分布广、适应性强、生长繁殖快等特点。在水产养殖业中，微藻作为初级生产力，广泛应用于废水处理、苗种培育、饲料添加等多个领域，并起到促进营养物质循环、降低饲料系数、提高成活率等作用。

近年来，国内外开展了大量有关微藻培养和废水处理的研究，发展了藻类处理技术。利用微藻进行养殖尾水处理，一方面，可以净化水质，有效去除养殖尾水中的氮磷营养盐；另一方面，可以作为初级生产力，提供生物饵料，具有重要的应用和推广价值。

此外，部分微藻因大小适宜、适口性好、易消化等特性，经常直接用于水生动物的开口饵料，如角毛藻和骨条藻，或者用于浮游动物（轮虫、卤虫、枝角类等）的营养强化，间接作为水生动物的生物饵料，如裂殖壶藻。藻粉也被经常用于水产饲料生产，如用作蛋白源的螺旋藻、用作脂肪源的裂殖壶藻；除此之外，因富含高价值副产品，微藻也常被用作饲料添加剂，如富含虾青素的雨生红球藻被用于鲑鳟鱼类肌肉的着色。

一、微藻在尾水处理中的应用

随着水产养殖业的迅猛发展，水产养殖水环境恶化问题也逐渐凸显，这部分是由鱼类对饲料中营养物质的利用效率不高所造成的；以氮为例，鱼类平均只能利用饲料中25%的氮，其余的氮以残饵、排泄物的方式进入养殖环境中，这大大加重了水体的自净负担，造成了水环境污染问题（图6-2）。

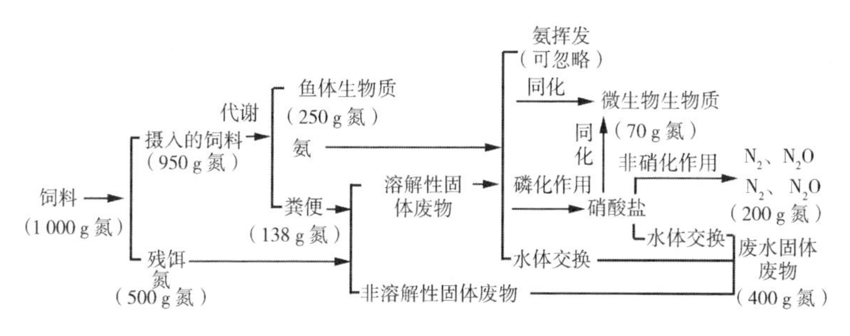

图6-2　水产养殖系统中氮的转换

水产养殖废水中的物质主要是氮、磷。循环水养殖系统是解决未来水产品供给、保障食品安全和健康的重要养殖体系。在循环水系统中，生物处理装置在去除水产养殖废水、节约用水方面扮演着重要的角色。其原理主要是利用硝化细菌把水体中的氨氮转化为对鱼体健康无害的硝酸盐，常用的装置有生物转盘、滴滤池等。经过生物装置处理后的水体通常富含大量的硝酸盐，因此需要定期换水，以保证水质的稳定。然而，这些装置却存在着成本高、对磷去除效果差等缺点。

研究发现，微藻对水体中的氮和磷去除效果较好，而在硝酸盐和氨同时存在的情况下，微藻优先利用氨氮，之后才是硝酸盐。针对微藻的这一特点，微藻可以用来替代工业化循环水水产养殖系统中的生物处理装置，去除水体中的氨、氮。

相对于传统的生物处理装置，微藻具有两大优势。一方面，微藻不仅能够去除水体中的氮，还能去除水体中的磷，减少换水频率及换水量，促进水体的利用；另一方面，其还能产生生物质，或作为饲料，或用于生物饵料。图 6-3 对微藻在循环水养殖系统中的应用方向进行了示意，其既可以安装在生物处理装置之后，去除水体中的硝酸盐和磷；又可取代生物处理装置，将水体中氮、磷全部去除。

利用微藻进行养殖尾水处理的体系分为悬浮培养体系和固定化培养体系。在实际应用中，两种培养体系都要控制好光照、温度、pH 值、二氧化碳等参数。其中，悬浮培养体系的研究和利用目前比较广泛，尾水处理量大，适用于大规模操作，但存在处理尾水之前需要收获微藻、微藻与尾水分离困难等问题。而固定化培养体系能有效防止藻细胞流失，维持系统稳定性，还可增强细胞耐受性，以更高的抗性来抵御恶劣的环境条件，解决了藻水分离困难的问题，但存在与共聚物基质的固定化成本高、需要很大的表面积去形成生物膜、受光源的限制、仅适用于小型和中型

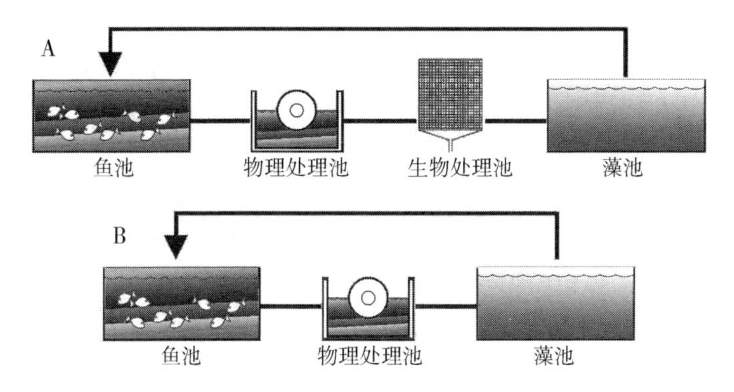

图 6-3　藻类在循环系统中的潜在应用

A. 图中微藻主要用作硝酸盐和磷酸盐的吸收；

B. 图中微藻作为生物处理池，吸收去除氮、磷等废物

规模操作等缺陷。

用于尾水处理的微藻主要有蓝藻门的螺旋藻，绿藻门的普通小球藻、栅藻、蛋白核小球藻、衣藻，硅藻门的角毛藻、舟形藻等，其中小球藻和栅藻在尾水处理中的应用比较多。

二、微藻在苗种培育中的应用

微藻在苗种培育方面用途广泛，既可以直接作为水生动物的开口饵料，同时也可以用于浮游动物（如轮虫、枝角类等）的营养强化，将微藻的营养通过浮游动物富集的方式，间接作为开口饵料。

1. 微藻作为直接生物饵料　微藻是双壳贝类整个生活史、部分甲壳类及鱼类早期发育阶段重要的食物来源。一些水生动物孵化后，由于口径太小，只能食用一定大小的饵料，而部分微藻因大小适宜，可直接作为开口饵料。

首先，以海水鱼为代表的多种鱼类的仔鱼，因摄食率低、消

化能力差（酶活力低或酶分泌的刺激不充分）和营养不充分，在开口时，不能摄取配合饲料，需要依靠生物饵料才能满足机体的生长和代谢需求。作为海水鱼的直接生物饵料，微藻最典型的应用便是绿水效应，绿水效应已被证明具有改善水质，提高仔鱼的成活率，促进鱼类摄食、生长，保证苗种规格整齐及抗病性等优势。

其次，微藻作为鲜活饵料，在双壳贝类的整个生活史都有应用（如牡蛎、扇贝、蛤蚌、贻贝），被认为是双壳类幼虫和稚贝的最佳饵料，在双壳贝类苗种培育中具有重要地位。在双壳贝类中应用成功的微藻包括球等鞭金藻、巴夫藻、扁藻、奇异假等鞭金藻、钙质角毛藻、中肋骨条藻和假微型海链藻。

另外，对虾的幼体发育也离不开微藻。对虾从胚胎期至仔虾需经历一系列蜕皮和变形的过程。受精卵一般经过 2~3 天的孵化，便进入无节幼体期，此时主要依赖内源营养物；第一次变形之后，进入溞状幼体，开始摄食，食性以滤食为主，主要摄食微藻；第二次和第三次变形之后分别进入糠虾期和仔虾期。这两个时期的幼体食性发生转化，由滤食性转化为肉食性，微藻的摄入量减少，主要以轮虫、卤虫和枝角类等浮游动物为食。在对虾幼体培育中，常见的微藻包括扁藻、纤细角毛藻和中肋骨条藻。

2. 微藻作为间接生物饵料　多数情况下，水生动物幼体为滤食性，在浮游阶段多依赖微藻作为饵料来源（双壳贝类、对虾的幼体等）；随着个体的发育，食性也会发生转变，饵料则转变为以动物性饵料为主（轮虫、卤虫等）。水生动物幼体的生长离不开营养物质，特别是那些必需的营养成分，如多不饱和脂肪酸。然而，这些浮游动物不具备从头合成这些物质的能力，它们必须经过营养强化才能满足水生生物幼体的营养需求。微藻可以用于浮游动物（如轮虫、枝角类、桡足类）的培养，利用微藻进行浮游动物的营养强化是生产中常见的方式。

目前用于浮游动物强化的微藻包括螺旋藻、小球藻、杜氏藻、扁藻、微拟球藻等。这些微藻多用于浮游动物必需脂肪酸的营养强化（如 EPA，DHA 等），例如，用于卤虫培养的微藻包括小球藻、微拟球藻、微绿球藻、四列藻和扁藻。

三、微藻在饲料中的应用

1. 微藻作为蛋白源　高蛋白、均衡的氨基酸组成被认为是微藻作为水产饲料蛋白源的主要原因。微藻可以合成所有的氨基酸，富含丰富的必需氨基酸。普遍认为，微藻蛋白质的质量要优于常规的植物蛋白源。此外，微藻在可消化性方面也有很大的潜力。

藻粉替代鱼粉的研究始于 20 世纪 90 年代，迄今已有接近 20 年的历史。用于替代鱼粉的微藻蛋白质含量较高，如螺旋藻、小球藻以及微藻提油后的副产物等。藻粉可以部分或者全部替代鱼粉，替代鱼粉水平可能受鱼种类及其发育阶段、鱼粉和藻粉质量、藻的种类，以及饲料中鱼粉水平的影响。

2. 微藻作为脂肪源　脂类在饲料配方中主要发挥两个作用：一是提供能量，二是提供必需脂肪酸（EFA）。现有的鱼油替代物通常可以非常有效地提供能量，但是这些替代物几乎都缺乏必需脂肪酸。

与鱼粉产量供应不足相比，鱼油的有限供应是更严重的问题。微藻因其独特的优势——提供 EPA 和 DHA，目前似乎是鱼油替代品中最具潜力的原料。目前微藻替代鱼油的研究还比较少，仅见于富含 DHA 的裂殖壶藻。在有关裂殖壶藻替代鱼油的报道中，裂殖壶藻可以完全替代鱼油，且能够增加 n-3 高不饱和脂肪酸在鱼体肌肉的富集，这说明微藻粉或藻油是鱼油的理想替代品。

3. 微藻作为饲料添加剂　一般用于促进鱼体的生长、增强水生动物体色和免疫。用作水产饲料添加剂的微藻种类较少，应用最广的仅限于螺旋藻、小球藻和雨生红球藻。目前，藻粉作为饲料添加剂，在饲料中的添加量较少，添加量多在10%以内；另外，藻粉作为饲料添加剂，研究对象多处于幼鱼阶段，在成鱼阶段的研究很少。

4. 微藻作为着色剂 一般用于鲑鳟鱼类肉质的着色、经济鱼类及观赏鱼类皮肤的着色，如南美白对虾、鲑鳟鱼类及赤鲷等。鲑鳟鱼类不具备将其他色素转化为虾青素的能力，因此必须在饲料中添加虾青素或者类似的色素才能达到理想的着色效果。用于着色的微藻一般含有大量的色素（虾青素，β-胡萝卜素和叶黄素），如雨生红球藻、杜氏藻和螺旋藻等。

但是，微藻作为着色剂也面临着许多问题，如细胞壁严重影响了水生动物对其色素的吸收和利用。提高微藻色素的利用率和降低微藻生产成本是微藻作为着色剂亟须解决的问题。

5. 微藻作为免疫增强剂 抗生素作为常规饲料添加剂的做法，在许多国家已经被禁止，寻求新的抗生素替代物已经成为人们研究的热点，微藻便是其中极具潜力的一种。用作免疫增强剂的微藻主要为螺旋藻、雨生红球藻和金藻。微藻作为免疫增强剂，已被证明可以提升水生动物的免疫力，但目前仍存在成本高，无法与水产养殖业现有免疫增强剂竞争的缺点，降低微藻生产成本是未来微藻作为免疫增强剂所要解决的重要问题。

附录

附录1　渔业水质标准

附录2　淡水池塘养殖水排放要求

附录 3　大水面增养殖容量计算方法

附录 4　水产养殖用药明白纸 2022 年 1、2 号

参考文献

[1] 王武．鱼类增养殖学［M］．北京：中国农业出版社，2000.

[2] 李家乐．池塘养鱼学［M］．北京：中国农业出版社，2011.

[3] 李爱杰．水产动物营养与饲料学［M］．北京：中国农业出版社，1996.

[4] 黄琪琰．水产动物疾病学［M］．上海：上海科学技术出版社，1993.

[5] 曾庆飞，胡忠军，谷孝鸿，等．大水面生态渔业技术模式［J］．中国水产，2021（2）：81-84.

[6] 于孝东，王力．生态学视野下的水库渔业可持续发展困境及路径选择：千岛湖保水渔业例证［J］．生态经济，2013（3）：143-147.

[7] 马得草．大泉沟水库鱼类资源调查及生态渔业增殖模式优化［D］．石河子：石河子大学，2017.

[8] 黄洋洋．“南湾鱼”品牌创建对渔业经济发展的影响［J］．河南水产，2018（12）：37-40.